JN098170

小型船舶操縦士
湖川小出力
教本

CONTENTS
目次

第1編 小型船舶の船長の心得および遵守事項 11

第2編 交通の方法 61

第1章

一般海域での交通ルール（海上衝突予防法） 60

第2章

港内での交通ルール（港則法）　79

第3章

特定（輻輳）海域での交通の方法（海上交通安全法）　83

第4章

湖川、特定水域での交通の方法（河川法等）　88

第3編 運航（湖川小出力） 91

第1章

操縦一般 92

第2章

航法の基礎知識　108

第3章

点検・保守　114

第1編

小型船舶の船長の
心得および遵守事項

第1章

水上交通の特性

　クルージングや釣りなどレジャーを目的としたり、人や物の運送や漁業など、小型船舶を利用する目的はさまざまです。

　小型船舶操縦士の資格を取ると、総トン数20トン未満の小型船舶の操縦ができるようになり、海や川、湖などの水上で自然と触れ合うなど、陸上交通とは違った時間を満喫できるようになります。

　しかし、水上では常に気象状況の変化を受けやすく、我が国の周辺水域では、小型船舶の利用者以外にも、海運、漁業、マリンレジャーなど、さまざまな活動で利用されているため、思わぬ危険が常につきまとっており、一歩間違えれば取り返しのつかない悲しい結果を招くことにもなりかねません。

　これから小型船舶操縦士の免許を取得する皆さんには、水上交通は常に危険と背中合わせにあることを忘れずに、陸上とは異なる独自のルールやマナー、水上交通や小型船舶の特性などについて十分に知識・技能を身につけ、安全に小型船舶を利用することが求められます。

1-1　陸上交通との違い

1. 船舶を取り巻く自然環境

（1）水に浮いている

　船舶は、不安定な水面に浮いており、絶えず風や流れなどの外力を受けて浮動していることに注意しましょう。特に小型船舶の場合は、乗り込む人の位置によって船体のバランスを崩すこともあります。

　このため、安全に航行するには、あらかじめ操縦者がコースを定めて、航行する、停止する、投錨する、係留する、などの動作を適切に行わなければなりません。

　また、船舶にはブレーキがないため、航行している状態から行き足をなくして安全に停止するまで、かなりの距離が必要になることを覚えておきましょう。

（2）気象・海象（波浪、潮流、風雨、霧など）の影響を受けやすい

　水上では、波やうねり、潮流や川の流れなどにより絶えず水面が動いています。小型船舶は風の影響も受けやすく、このような外力の影響により簡単に進路が変わってしまいます。

　また、水上では、天気が良い場合でも、太陽の水面反射が強かったり、波が高い場合などには、水面上に浮いている漁網やブイ、ゴミなどの状況がわからないこともあるので注意が必要です。

　水上では、波やうねり、風雨などを遮(さえぎ)るものはないので、航行中に天候が悪化した場合などには、危険を回避するよう、自力で避難できるところまで航行しなければならないことを忘れてはなりません。

2. 船舶を取り巻く交通環境
(1) 水上には道路がない

　水上には道路はなく、右側通航が万国共通の原則です。

　一部の水域には航路が定められていますが、船舶は、基本的にはどこでも自由に航行することができます。その反面、360度全方向に対して、常に他の船舶の動きや浅瀬への接近などに注意しておかなければなりません。

(2) 水上には速力制限がない

　水上では、原則として速力の制限はありませんが、どこを航行する場合でも自船の航行による引き波に注意するなど、周囲に迷惑のかからない安全な速力で航行しなければなりません。

(3) 水上には標識が少ない、自船の位置がわからない

　水上にも信号や標識はありますが、それらは陸上と比べて数が少なく、沿岸付近にしか存在しません。また、水上では目標物が少ないので、自船の位置がわからなくなってしまうことがあるため、自船の位置の確認は非常に重要です。

　小型船舶の操縦には、自分の向かっている方向や自分の位置を確認する方法を身につけておくとともに、コンパスや双眼鏡、海図など必要な機器を準備しておくことが大切です。

1 小型船舶の船長の心得および遵守事項　交通の方法　運航（湖川小出力）

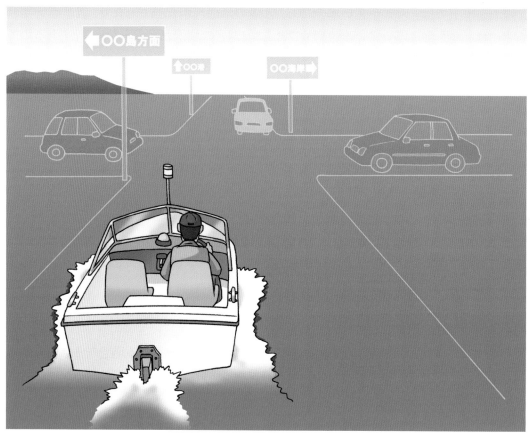

水上には道路はない。行先を示す標識も少ない。自分の位置を見失いがち

3. 船舶を取り巻く危険性

（1）水面下の危険性

　水上では、注意して見張りをしていても水面下の暗礁や障害物は見えにくく、夜間など
は水面の障害物でも非常に見えにくくなります。

　安全に航行するためには、あらかじめ航行する水域の調査を行い、情報を収集しておく
ことが重要です。

（2）孤立している

　十分に準備して、安全を確認しながら航行していても、故障や事故が発生する場合は
あります。船舶は陸上から離れ、孤立しているため、基本的には自分自身ですべて対処し
なければなりません。

　また、何らかの非常事態が発生し、陸上へ救助を求めるには、携帯電話や無線装置な
ど、陸上との通信手段を確保しておかなければなりません。

　ただし、救助を要請した後、自力で陸地へ向かうにせよ、陸上からの救助を求めるにせ
よ、かなりの時間を要することを認識しておきましょう。

[1-2] 水域利用者の特性および注意事項

　水上は、陸上のように利用区分が明確になっていないため、さまざまな利用者が存在します。それぞれの特性、注意事項を理解しておきましょう。

1. 水域利用者
　水域には、それぞれの目的により次のような利用者が存在します。
（1）ボードセーリング、サーフィン、ダイビング
（2）海水浴、魚釣り、潮干狩り
（3）クルージングをするモーターボート、水上オートバイやヨット
（4）漁業を行う漁船
（5）定置網や養殖のような水面占有漁業
（6）商船、旅客船、工事や作業をする船など仕事を目的とした船舶

水上はさまざまな船や人が利用している

2. 水域利用者に対する配慮

（1）遊泳者等への注意

　モーターボートや水上オートバイが遊泳区域へ近づき、遊泳者やサーフィンを楽しむ人と接触する重大事故が多く発生しています。

　海水浴場など遊泳区域には、むやみに近づかないこと。

　やむを得ず海水浴場などに近づくときは、速力を十分に落とし、周囲をよく見張りながら接近すること。また、ボートから遊泳者は見つけにくいので、遊泳者等がいるのではと疑問を感じたら、ただちにエンジンを中立にして、周囲の安全が確認できるまでプロペラを回さないことを心がけましょう。

　船舶は、遊泳者に対して圧倒的な大きさ、馬力を有しています。たとえ低速で衝突しても大きな人身事故になります。特にプロペラは刃物と同じであり、遊泳者を見つけた場合には、決してみだりに近づかないことが大切です。

（2）ボードセーリングや手漕ぎボート等からの回避

　ボードセーリング（ウインドサーフィン）や手漕ぎボート、ミニボート（長さ３メートル未満かつ推進器の出力が1.5キロワット未満の船舶：免許検査登録不要艇）を見つけた場合も、できるだけ離れて航行し、やむを得ず接近するときは十分に速力を落とし、引き波を立てないように航行します。

　これらは船体のバランスが崩れやすく、波浪の打ち込みにより浸水・転覆しやすい乗り物です。小型船舶は、これらの乗り物に比べて圧倒的な大きさ、馬力を持っており、急速な接近は脅威となり危険です。

（3）工事区域、作業船、錨泊船からの回避

　錨泊している船舶、作業船あるいは工事区域には近づかないようにします。

　これらの船舶が、どのような工事・作業をしているのかわからずに、不用意に近づくことは危険であり、事故につながります。

工事区域に設置されるブイ

工事に従事するクレーン船

また、国際信号旗の「A」旗または「B」旗を掲げている船があれば、その意味を理解し、近づかないようにしましょう。

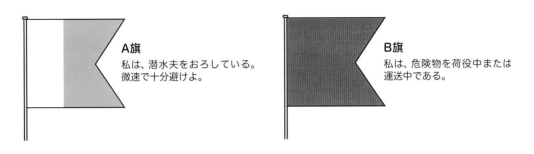

A旗
私は、潜水夫をおろしている。
微速で十分避けよ。

B旗
私は、危険物を荷役中または
運送中である。

(4) 大型船、輻輳（ふくそう）水域からの回避

船舶交通の多い航路や大型船の進路は避けて航行します。また、混雑している水域では、速度を落として、お互いに譲り合って航行するようにしましょう。

3. 大型船舶の特性

大型船舶にはいろいろな種類がありますが、一般的に次の特性があります。

(1) 大型船の船首前方には、船首の陰となる大きな死角がある。

(2) 操縦性能が低く、すぐには曲がれない、止まれない。

(3) 喫水が深いため航行できる水域が制限される。自船の針路保持で精一杯である。

(4) 大型船の引き波は、小型船の頭を越えるような大きな波の場合がある。

(5) 大型船の側面に近づくと、吸引作用が働いて吸い寄せられることがある。

(6) 港内などの狭いところ以外では、ゆっくりと走っているように見えても、スピードはモーターボートと変わらないものもある。

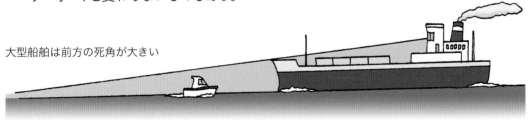

大型船舶は前方の死角が大きい

4. 帆船（ヨット）の特性

帆（セール）を揚げて、風によって走るヨットは、エンジンと舵によって航行するモーターボートなどと違い、自由自在に進路変更したり停止できません。

近くに帆走中のヨットがある場合には、早めに避け、ヨットの進路を妨げないようにしましょう。

（1）帆走しているヨットは、大きな帆が死角を作り、接近する他の船が見えない場合がある。

（2）操船者の技量や熟練度によって、走り方や進路変更の能力に大きな差がある。

（3）風上に向かって斜めにしか走れない。

帆走中のヨットは進路変更が苦手で、死角も大きい

5. 水上オートバイ（特殊小型船舶）の特性

　水上オートバイは、出力の大きなエンジンを搭載し、加速性が高く、高速で航走し、急旋回なども容易ですが、舵はなく、水の噴射方向を変えることにより方向転換するので、推進力がなくなると方向転換ができないなど、次の特性があります。

（1）船底にプロペラや舵などがないため、浅瀬を航行することができる。

（2）加速性が非常に高く、一般のモーターボートより高速走行できる。

（3）運動性能が高く、急旋回する場合がある。

（4）推進力がなくなると、方向転換ができない。

（5）モーターボートのように急減速しながら向きを変えることはできない。

（6）転覆することを前提に設計されており、転覆しても簡単に復原できる。

（7）操縦者の技量や熟練度で、操縦能力に大きな差がある。

（8）水の抵抗によって減速・停止する。プロペラを反転させて急停止することはできない。

[1-3] 漁業に関する注意

1. 操業中の漁船の特性

操業中の漁船や漁ろう作業を行っている漁船には次の特性があることを理解して、なるべく距離を置いて通過し、近くで波を立てたり、騒音を出したりしないように注意しましょう。

(1) 操業中は操縦性能を制限する網や縄などの漁具の影響により、操船が不自由である。

(2) 漁獲のため、急変針や急停止する場合がある。

(3) 操業中は漁に専念しているため見張りがおろそかになっている場合がある。

(4) 船尾から長い漁具を引いている場合が多い。

2. 漁法、漁具

我が国沿岸で行われている漁業にはいろいろな漁法があり、使われている漁具もさまざまです。いずれの場合も、なるべく距離を置き、むやみに近づかないようにしましょう

(1) 潜水漁業
（せんすい）

素潜りやスキューバ、潜水器具を用いて海に潜り、魚介類を採取する漁業です。

操業中はほとんど動かず、船上に人がいないこともあります。また、船の周囲には空気管や命綱があり、漁業者が急に浮上することもあるので、人身事故の危険が潜んでいます。

潜水中を示す旗（A旗）を掲げている場合があります。

潜水漁業

A旗を掲げている
場合がある

(2) 定置網漁業
（ていちあみ）

定置網は、魚類の来遊に適した場所（沿岸）に網を長期間設置し、魚をその網に誘導して捕獲する漁業です。規模や構造はさまざまで、魚を誘導する垣網は数百メートルに及ぶ場合もあります。

目印としては、海面にブイ等の浮体が設置され、網から多数のアンカーロープが出ており、地域によっては竹竿などを使って網を
（たけざお）
固定している場合もあります。

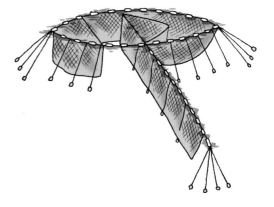

定置網漁業

（3）刺網漁業、はえ縄漁業、タコ壺漁業

　刺網漁業は、魚類が回遊する場所を遮断するように長い帯状の網を張り、魚をその網に突き刺したり、からませて捕獲します。

　はえ縄漁業は、長いロープ（幹縄）に、先端に釣針を付けた枝縄を等間隔に多数取り付けて魚を捕獲します。

　タコ壺漁業は、ロープに多数の壺を取り付けてタコを捕獲します。

　いずれの漁法も、目印のブイや旗竿が間隔を置いて水面に複数浮かんでいます。

刺網漁業

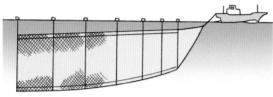

はえ縄漁業

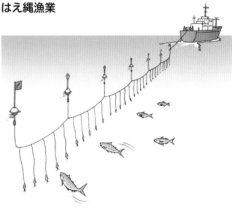

タコ壺漁業

（4）引網漁業

　船尾から袋状の網を1隻または2隻で引いて、海底または海中の魚介類を捕獲する漁業です。

　船の後ろや、船と船の間には、網を引くワイヤーやロープなどがありますが、水面上に出ているのはごく一部分だけで、水面下の後方にはかなりの長さの網が伸びています。

底引網・船引網漁業

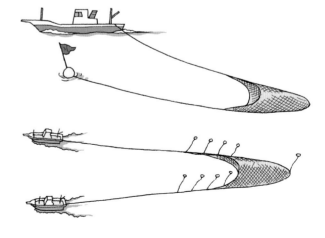

(5)引き縄釣漁業

　船の両舷に竿を張り出し、擬餌針や餌を付けた釣針を魚の遊泳水深に合わせて引き、釣針に掛かったものを船に取り込んで捕獲する漁業です。

　引き縄の長さは40 〜 50メートル以上あり、ほとんどが表層に浮いているので、後方を横切るときは十分に注意し、少なくとも100メートル以上は離れて航行するようにしましょう。

引き縄釣り

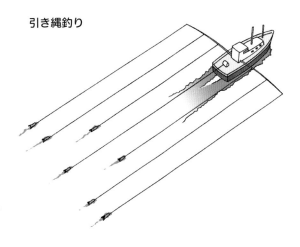

(6)養殖（カキ、ノリ、魚類）漁業

　一定の区域で施設を設置して、カキやノリ、魚類（ハマチ、タイなど）を養殖する漁業です。海岸に近く、広い場所に多数設置されているので、設置区域に迷い込むと迷路のようになっています。

カキ養殖施設

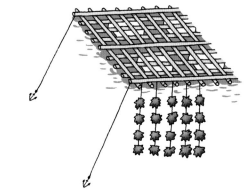

①カキ養殖施設

　竹を組んだいかだで、錨を四方に張って固定しています。いかだといかだをロープで連結していることもあります。

②ノリ養殖施設

　ノリ網にノリの胞子を付けて育成するもので、水深の浅い干潟漁場では竹を海底に刺す支柱棚を、水深の深い沖合漁場では浮流施設を用いています。

ノリ養殖施設

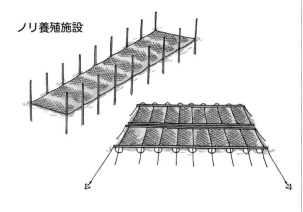

③魚類養殖施設

　海面にブイの付いた角形または丸形のイケスを設置し、その網の中にハマチなどの魚を入れて育てるものです。イケスは錨で固定されています。

魚類養殖施設

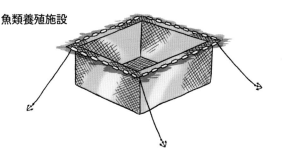

（7）巻き網漁業

　群れで回遊しているアジ、サバ、イワシなどの魚群を大きな帯状の網で包囲し、網の下の口を引き締めて次第に網を縮小し、魚を捕獲する漁業です。

　魚群探知機や目視により魚群を発見すると、複数（まれに1隻）の漁船が魚群を網で包囲して捕獲します。

巻き網漁業

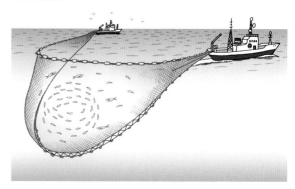

3. 沿岸漁業に対する注意
（1）漁業権

　漁業権とは、都道府県知事（一部は農林水産大臣）の免許によって設定される、「一定の水面において、特定の漁業を一定の期間、認められた者のみで営む権利」です。

　漁業権には、次のものがあります。
① ブリやサケなどを捕獲する網などを定置して行う定置漁業権（定置網業）
② カキや真珠などの養殖のため一定の区域において養殖業を営む区画漁業権
③ アワビ、サザエ、ウニ、伊勢エビなどの漁業を、一定の水面を地元漁民が共同で利用する共同漁業権

　漁業権は、日本の海岸線から数キロのほとんどの水域や湖沼にも設定されており、レジャー目的で行う、手釣りや竿釣りによる「魚釣り」は「遊漁」として違法ではありませんが、漁業権が設定されている水域において、アワビやサザエ、ウニ、伊勢エビ等の魚介類や、ワカメやコンブ等の海藻類を、漁業権者（地元漁協など）の同意なく採取等することは、漁業権の侵害になります。

　漁業者とのトラブルにならないよう、次のことに注意しましょう。
① 漁具が設置されていない水面でも、漁業権が設定されている場合がある。
② 漁業権の対象になっている水産動植物を採捕すると、罰則の対象になる場合がある。
③ 湖や川などの内水面でも、特定の水産動物が漁業権の対象になっている場合がある。
④ 釣りをする水域に漁業権が設定されていないか、事前に調べておくこと。

（2）航行時の注意事項

① 水面にブイや旗竿、あるいはブイ代わりのペットボトルや発泡スチロールの塊（かたまり）が浮いている場合には、漁具が設置されている可能性がある。漁具の入っている方向を見極め、できるだけ大きく避けて航行する。

② 操業中の漁船には近づかないようにする。発見した場合は、早めに十分な距離を開けて避ける。決して興味本位に接近しないこと。

③ やむを得ず、操業中の漁船や養殖場などで作業をしている船の近くを通過するときは、引き波を立てないように十分速力を落として航行する。

④ 定置網や養殖場のような水面を占有する漁業を行っている水域には、できるだけ近づかないようにする。

[1-4] 船舶事故の発生状況（海上保安庁調べ）

1. 船舶事故の発生状況（近年の傾向）

　海上保安庁が認知した船舶事故の隻数は、減少傾向にはあるものの、年間約2,000隻で推移しています。

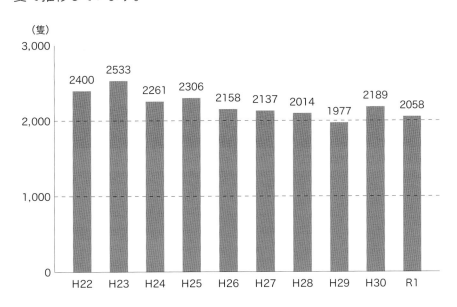

　令和1年から過去5年間の事故隻数の推移では、20トン未満の小型船舶が最も多く、令和1年度では1,611隻（78%）でした。

　また、船舶の種類別では、プレジャーボートが970隻（47%）で最も多く、次いで漁船510隻（25%）の順で、この傾向は近年変わっていません。

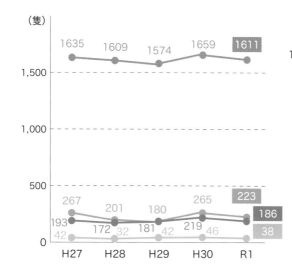

トン数別の事故隻数推移

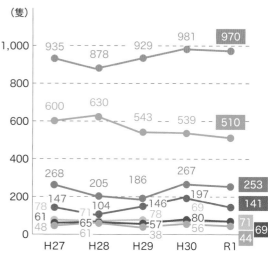

船舶種類別の推移

2. プレジャーボートの船舶事故の傾向

　プレジャーボートの事故では、機関故障による運航不能が毎年200隻程度発生しており、なかなか減少していないのが現状です。

　また、夏季になると、水上オートバイの船舶事故が増加し、特に経験が浅い操船者による事故の割合が高くなっています。

プレジャーボートの運航不能（機関故障）の推移

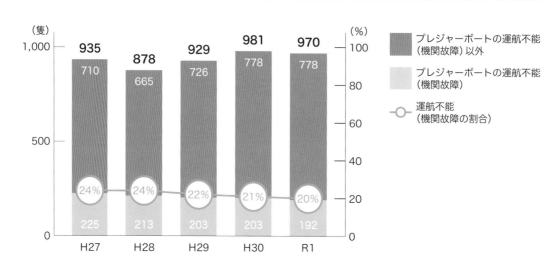

3. プレジャーボートの主な海難種類と原因

(1) 運航不能（機関故障）

故障個所別に見ると、燃料系、電気系、軸系、冷却水系の順に多く、発航前の点検や定期的な点検・整備で防止できる機関故障が多く発生しています。

① 燃料系統：燃料フィルターの目詰まりなど

燃料フィルターの汚れを確認せずに出航し、フィルターが詰まって機関が停止した。

② 電気系統：点火プラグやスターターモーターの不具合など

点火プラグやセルモーターの不具合を放置し、機関を始動できなくなった。

③ 軸系（動力伝達）：ギヤオイルの量の不確認による焼付きなど

クラッチオイルの量を確認せずに機関を始動し、焼き付いてしまった。

④ 冷却系統：経年劣化によるインペラの破損など

海水ポンプのインペラを長期間交換せずに使用し、インペラが破損したため冷却水を送れずに機関が停止した。

(2) 乗揚げ

浅瀬やノリ網、定置網等への乗揚げが多く、その原因の多くは水路調査が不十分や見張り不十分でした。

① 水路調査不十分

浅瀬や漁具の設置状況等を十分に把握せず出航した、など。

② 見張り不十分

釣りに没頭していて見張りを実施していなかったり、他の船舶に気をとられて乗揚げ物件に気付かなかった、など。

（3）衝突、単独衝突

　船舶が他の船舶に接触したことを衝突、船舶が物件に接触して船舶または物件に損害が生じたことを単独衝突としています。

　いずれの場合も、見張り不十分や不適切な操船によって発生しています。

① 見張りが不十分であった例
・見張りをしていたが、ある一方向のみを見ていた
・船体の死角に入った船舶を見逃した
・接近してくる他の船に気をとられ、衝突の危険がある船に気付かなかった

② 操船不適切の例
・衝突の危険がある船に気付いたが、相手船の避航動作を期待して、そのまま航行した、など

（4）操船技能不足

　水上オートバイに多く発生している事例です。転覆した後、自力で復原できないなど、操船者の知識・技能が足りていないことにより漂流に至ってしまうような例があります。

事故を起こさないために

1 目的地までの水路を十分に調査する。

2 発航前の点検を十分に行う。

3 船位の確認、見張りをしっかりと行う。

全周にわたる「見張り」が事故を防ぐ

第2章

小型船舶の船長の心得

[2-1] 船長の役割と責任

水上では、安全確認を怠り、事故や災害に遭遇すると生命の危機に直結します。
安全な航海を行うために、船長には次の役割と責任があることを自覚しましょう。

1. 最高責任者として自覚

モーターボートや水上オートバイなどのプレジャーボートであっても、漁業など事業用の小型船舶であっても、船長は、常に同乗者の安全を守り、船舶の運航や安全管理など、すべてに対して責任を負う最高責任者です。

したがって、小型船舶の船長は、安全に航行するために、あらゆる状況において迅速かつ的確な判断をするとともに、リーダーシップを発揮し、常に船と同乗者の安全を守ることを第一に考えなければなりません。

2. 役割分担を明確にする

陸上から離れて航行する船舶では、乗船者が一致協力して安全を確保しなければなりません。そのためには、誰が船長として指揮するのか、補助者は誰かという乗船者の役割を明確にしておくことが大切です。

特に、操縦免許受有者が複数乗船する場合には、「船頭多くして船山に登る」というような状況にもなりかねません。事前に船長と補助者など、各人の役割をしっかり確認してから出航しましょう。

3. 準備を怠らない

前章のとおり、小型船舶の海難事故は、出航前のさまざまな準備不足が原因になっています。事故を起こさず安全に航行するためには、船体・設備の点検、航行予定水域の調査など、さまざまな準備が必要です。

4. 水上交通ルールを理解した水面の利用

国や地方自治体が定めた法令や規則、条例のほかにも、水域によってローカルルールなどが定められています。航行予定水域の情報は、ウェブサイトなどからも入手できます。事前に情報を入手し、余裕をもって安全な航行を心がけましょう。

5. ルール、マナーの遵守

　水域は各分野のさまざまな人々に利用されています。水域ごとに定められているルールや社会通念上のマナーも守り、他の水域利用者や周辺の陸上の人々とトラブルにならないよう注意しましょう。

6. 無理をしない:「海を恐れず侮らず、謙虚な気持ちで、無理をしない」

　危険な状況を乗り切ることも船長の責任であり、技量ですが、危険を事前に回避し、計画の中止や引き返す勇気を持つことが、より重要です。

7. 社会に対する船長の責任

　船長は、出港してから帰港するまで、すべてに責任を負わなければなりません。船長の最も重要な責任は、航海を安全に成し遂げることにあります。

　そのためには、船の運命は船長自身が握っている自覚を持ち、安全を確保するための方法・手段を確認しておかなければなりません。

8. 同乗者に対する船長の責任

　同乗者にライフジャケットを着用させるだけでなく、同乗者が海中に転落するおそれのある場所を周知することや、同乗者が危険を感じるような操縦をしないなど、常に同乗者の「安全」を意識しておかなければなりません。

　また、同乗者がゴミを捨てて海を汚したり、無免許の同乗者に操縦させて事故を起こした場合にも、その責任はすべて船長が負うことになります。

海のマナー

シーマンシップ

海のルール

気象

船長は船の最高責任者。
身につけなければならない知識は多岐にわたる

9. 事故を起こしたときに船長が負う法的責任

事故を起こしたとき、船長には「刑事責任」、「民事責任」があり、「行政処分」を受けることもあります。

(1)刑事責任（事故の内容により刑事責任が問われます）

衝突や乗揚げを起こした場合、事故の内容により「業務上過失往来妨害」や「業務上過失致死傷」などの刑事責任を負うことになります。

(2)民事責任（相手がある場合には民事責任を問われます）

船長は、被害者に対して、民法に基づく「損害賠償責任」を負うことになります。

(3)海難審判法による処分（事故の内容により行政処分を受けます）

行政処分には、次の種類があります。
① 免許の取消し
② 業務の停止（期間は１カ月以上３年以下）
③ 戒告

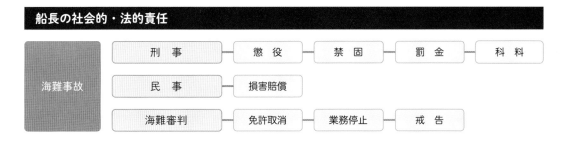

船長の社会的・法的責任

海難事故	刑　事	懲　役	禁　固	罰　金	科　料
	民　事	損害賠償			
	海難審判	免許取消	業務停止	戒　告	

10. 法令に違反した場合の処分

小型船舶の運航には次の法令が関係しています。これらの法令に違反があった場合には、罰金や懲役などの処分が科せられます。

(1)船舶職員及び小型船舶操縦者法関係

① 小型船舶操縦者（小型船舶の船長）の遵守事項に違反した場合
② 乗船させるべき者に関する基準（資格別の条件）に違反した場合や、船舶所有者が業務の停止処分を受けている者を船長として乗船させた場合
③ 無資格者が船長として乗船した場合
④ 操縦免許証の不携帯、他人への譲渡または貸与をした場合

1

小型船舶の船長の
心得および遵守事項

交通の方法

運航（湖川小出力）

（2）船舶安全法関係

① 船舶検査証書または臨時航行許可証のない船舶を航行させた場合

② 指定された航行区域を超えて船舶を航行させた場合

③ 最大搭載人員を超えて旅客その他の人員を乗せた場合

④ 中間検査や臨時検査を受けないで航行させた場合

⑤ 船舶検査証書に指定された条件に違反して航行させた場合

⑥ 船舶検査証書または臨時航行許可証を船内に備えずに航行させた場合

⑦ 船舶検査済票を両船側に貼り付けずに航行した場合

⑧ 船舶検査手帳を船内に備えずに航行させた場合

⑨ 法定備品を船内に備え付けずに航行させた場合

（3）小型船舶の登録等に関する法律関係

① 小型船舶等の製造業者以外の者が、船体識別番号等（船体識別番号または推進機関の型式）を打刻した場合

② 船体識別番号等の打刻を塗抹したり、その他船体識別番号等の識別を困難にする行為をした場合

③ 小型船舶登録原簿への登録を受けていない小型船舶を航行させた場合

④ 通知を受けた船舶番号を遅滞なく当該船舶に表示しない場合

⑤ 小型船舶登録原簿に記載された事項のいずれかに変更があった場合に、変更登録または移転登録の申請をせず、または虚偽の申請をした場合

⑥ 抹消登録の申請をしなければならない場合に、その申請をせず、または虚偽の申請をした場合

⑦ 譲渡証明書を譲受人に交付せずに小型船舶を譲渡した場合

⑧ 譲渡証明書に虚偽の記載をした場合

⑨ 譲渡する小型船舶１隻につき、譲渡証明書を２通以上交付した場合

⑩ 国籍証明書の交付を受けてこれを当該船舶内に備え置かず、または船名を表示せずに小型船舶を国際航海に従事させた場合、など

2-2 マナーと環境への配慮

　水域は、海運や漁業、海洋レジャーなど幅広く利用されています。その利用者には、交通ルールや法的遵守事項を守り、他の利用者の迷惑にならないようにマナーを守る心がけが必要です。

　また、海岸からさほど離れていない水域では、その近くの陸上には人家や海浜公園なども多く、静穏で清潔な環境の保全のために騒音などに配慮する必要があります。

1. 安全な速力での航行

（1）他人や他船に迷惑のかからない安全な速力で航行しましょう。

（2）周囲の見張りが確実に実施できる速力で航行するようにしましょう。

（3）港内や舟だまりなど、狭い水域や小さなボートなどがいる場合には、引き波が立たない速力に減速しましょう。

他船の近くで引き波を立てるのはマナーを無視した迷惑行為（危険行為）

BRRRRRR

2. トレーラブルボートに関する注意

（1）自動車やトレーラーを利用してボートを持ち込む場合には、必ずスロープなどの設備がある場所で管理者の許可を得て行いましょう。

（2）車両乗り入れ禁止区域には入らない。また、迷惑駐車や違法駐車をしてはいけません。

3. 騒音に対する注意

　エンジンの改造などによる悪質な騒音は違法になることがあります。岸近くを航行する場合や、早朝や夜間に航行する場合には、周囲への騒音に注意しましょう。

（1）早朝や深夜に甲高いエンジン音を出すような走り方をしない。

（2）陸上で水上オートバイのエンジンを不必要に空吹かししない。

（3）消音器を外すなど、騒音を誘発するエンジンの悪質な改造をしない。

（4）岸近くを航行する場合は海岸から十分離れるまで速力を上げない。

（5）係留場所や出航場所で早朝や深夜に大勢で騒ぎ声をあげない。

1 小型船舶の船長の心得および遵守事項

交通の方法

運航（湖川小出力）

4. 航行区域の厳守

　小型船舶操縦士の免許によって航行できる水域と、船舶の構造や性能によって指定される船舶検査証書の航行区域は一致していない場合もあります。船舶検査証書に記載された航行区域を守らなければなりません。

　また、都道府県の条例やローカルルールによって航行禁止区域が定められている場合もあるので注意しましょう。

5. 暴走行為、見せびらかし走行の禁止

　他人や他船に迷惑を及ぼすような暴走行為や、見せびらかし走行は、事故の原因になるので行ってはいけません。

　遊泳者やその他の人の付近で航行し、衝突や危険を生じさせる速力で航行した場合などには、小型船舶操縦者（小型船舶の船長）の遵守事項における危険操縦とみなされる可能性もあります。

6. 不法係留、無断係留、水域の不法占拠の禁止

　船舶の不法係留や無断係留、放置をしてはいけません。また、公共施設や水域の不法占用、許可を受けることなく護岸に杭を設置するなどの行為は、条例等で禁止されています。

　船舶の不法な係留、放置は、船舶の航行や港湾工事等の妨げとなったり、生活環境や景観の悪化にもつながります。特に放置艇は、やがて沈船となり除去するにも厄介で大きな障害物になります。

　地方条例には、これらの船舶を強制撤去することを定めたものや、船舶の保管場所を義務付けたものもあります。

7. 適切な保管、不要船舶の処理

（1）小型船舶の保管施設には、マリーナ、ヨットハーバー、ボートパーク、フィッシャリーナなどがあります。

　　また、水上オートバイや可搬型ボートなどは、トレーラーに載せたり、車の屋根に載せたりして自宅に保管することもできます。

（2）船が不要となった場合は、廃棄物処理の資格を有する業者に処分を依頼しなければなりません。

　　処理方法が不明な場合は、最寄りのマリーナや海上保安庁、自治体、あるいはFRP船リサイクルセンター（（一社）日本マリン事業協会内）に相談し、使えなくなった船の放置はやめましょう。

8. ゴミ、廃油を出さない

　海洋汚染は、タンカーの座礁に伴う原油の流出など大規模なものから、一般船舶や陸上からのゴミ、廃油などの不法投棄などにより、沿岸の環境や漁業への被害、海難の原因、海洋生物の生息に影響を与えます。

　ゴミや廃油は必ず船内に保管し、陸上に持ち帰って処分しましょう。

(1) 出航前には、船内にゴミ箱やたばこの吸い殻入れを準備し、必ず持ち帰るようにしましょう。

(2) 缶、瓶やペットボトル、ビニール袋や発泡スチロール、ロープの切れ端、絡んだ釣り糸など、人工物は絶対に捨ててはいけません。

(3) 残飯や餌の残りなども絶対に捨ててはいけません。撒き餌は、条例によって禁止されているところもあります。

(4) 燃料や潤滑油を補給する場合は、絶対にこぼさないように注意しましょう。万一こぼれた場合にはすみやかに拭き取ること。水面に油がこぼれた場合には、油吸着材等で吸い取るようにします。

9. ビルジ排出時の注意

　航行中にビルジが溜まった場合は、油分がないことを確認した後に排出します。油分がある場合は法令違反になるので、帰港してから陸上で処分しましょう。

10. 排ガス規制

　船外機や水上オートバイは、小型で高出力が出しやすい2ストロークエンジンが主流でしたが、プレジャーボート用のエンジンに対する排出ガス規制が行われることにともない、4ストロークガソリンエンジンや環境対応型の直噴式2ストロークガソリンエンジンに順次切り替わっています。

　船舶の運航に際しては、環境への影響にも注意が必要です。

2-3 　安全な航行をするための船長の心得

1. 出航前の準備

(1) 航海計画を立てる

　航海計画は、船舶の性能、船長や同乗者の経験や能力などを考慮して無理のないように立てることが重要です。たとえ、近くを航行するときや航行経験のある水域を航行する場合でも、必ず計画を立てるようにしましょう。

　また、天候の急変や、船体の損傷、エンジンの故障などトラブルが発生した場合に避難できる場所を想定しておくことも必要です。

　航海計画は、次の事項を考慮に入れて立てましょう。

① 係留できる場所
② 荒天となった場合に避難できる場所
③ エンジンの修理ができる場所
④ 必要な物品を購入できる場所
⑤ 燃料を補給できる場所

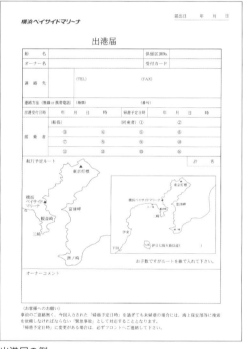

出港届の例

(2) 航海計画等の届出

　トラブルの発生に備えて、家族やマリーナ、所属先などに、航海計画とともに次の事項を連絡しておきましょう。

① 船長および乗船者の氏名、住所、連絡先
② 行動予定（目的地、寄港予定地、行動予定時間）
③ 帰港予定日時
④ 船名、船の種類や特徴など

(3) 航行予定水域の調査

　航海計画には、航行予定水域や周辺施設を調査しておくことが重要です。少なくとも次の事項はしっかりと調査して、計画を立てるようにしましょう。

① 潮汐や潮流の時刻等（新聞、潮汐表など）
② 水深、障害物の位置、目標物（海図、ヨット・モータボート用参考図（Yチャート）など）
③ 入港する港の状況（港泊図、プレジャーボート・小型船用港湾案内（Sガイド画像）など）

（4）船体・機関の点検の励行

　小型船舶の海難事故の原因のうち、最も多いのは機関故障であり、その大部分がエンジンの整備不良や取扱い不良等の人為的原因によるものです。

　出航前には必ず、船体や機関の点検を行うとともに、装備品や法定備品、その他の必要備品が備わっていることを確認しましょう。

　また、長期間整備していないときは、試運転を行い、状況によっては業者に点検を依頼するようにしましょう。

（5）気象情報を集める

　出航後に荒天に見舞われ、危険な状態になることもあります。

　出航前には必ず、天候、風向・風速、波の高さ、警報、注意報などの気象情報を入手し、荒天に遭遇しないように注意しましょう。

　これらの気象情報は、テレビ、ラジオ、新聞、電話「市外局番＋177」、インターネットなどを利用して収集できます。

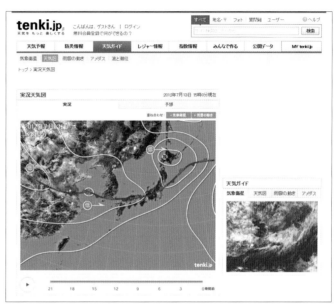

インターネットの気象情報サイトの例

（6）地方情報の収集

　出航前には必ず、航行予定水域の情報（自主規制、航行禁止区域、定置網の設置場所など）を収集しておきます。

　沿岸水面には、国や地方自治体が定めた法令や規則、また、ローカルルールなどがあり、これらの情報はしっかりと把握しておかなければなりません。

　都道府県条例などは各自治体のウェブサイトから、地域情報は地元のマリーナやマリンショップ、あるいは漁協などを通じて情報を得ましょう。

【航行予定水域の情報の入手】

　水域別には、次のようなところから情報を入手できます。

① 湖沼、河川などの内水面：
　環境省、国土交通省地方整備局、都道府県や市町村、漁業協同組合など

② 港湾など特定海域：
　海上保安庁、都道府県等の港湾事務所、漁業協同組合など

③ 一般海域：
　海上保安庁、漁業協同組合など

④ その他：
　遊漁船組合、造船や海運事業などの地域事業者。マリーナやボート販売などのプレジャーボート関連事業者。ヨット、水上オートバイ、釣り、ボードセーリング等のプレジャー関連で活動をしている団体など

（7）連絡体制の確保

　乗船者の落水、衝突など重大な事故に遭遇した場合には、すみやかに海上保安庁や警察、マリーナ、家族などへ連絡を取らなければなりません。緊急時の連絡体制を確立しておきましょう。

　通信手段は、故障などに備えて2通り備えておきましょう。携帯電話ならば、通話可能な範囲を確認し、少なくとも2台を備えて1台は水密パックに入れ、バッテリーの予備も用意しておきます。

　携帯電話以外の通信手段には、国際VHF無線機があります。国際VHF無線機は、大型船舶はもとより、プレジャーボートや漁船など、種類の異なる船舶間で共通に利用できる通信手段です。

国際VHF無線機（左：据置型、右：携帯型）

(8) 服装に対する注意

軽快に動きやすい服装が基本です。

靴はデッキシューズや運動靴など滑りにくい靴を履きましょう。

日差し、ケガの防止のために、夏といえども軽いウインドブレーカーなど素肌の露出の少ないものを着用するようにします。

また、天候の急変にも対応できるよう、カッパやブーツ、セーターなどの着替えや予備のウェアも準備するようにしましょう。「夏でも冬じたく、晴れでも雨じたく」が基本です。

ボートに乗るのに適した服装

ツバの付いている帽子

ライフジャケット

すべりにくいデッキシューズ等

(9) 体調管理

体調が悪い場合は、注意力が散漫になり、判断力が低下するなど、事故の原因になります。

前日には十分な睡眠を取る、空腹で乗船しないなど、体調管理に努めましょう。また、救急医薬品を船内に常備しておくことも大切です。

① 体調が悪い人がいる場合は、出航を中止する。または、体調の悪い人を陸に残して出航するなど、適切な判断が必要です。

② 航行中に体調を崩す人が出た場合にも、帰港するか、最寄りの港で下船させるなど、適切な判断が必要です。

(10) 同乗者に対する注意

同乗者には、出航前や航行中に必ず次の注意を与え、安全を保つようにしましょう。

① 必ずライフジャケット（救命胴衣）を着用すること。

② 船内では常に着座するか、または手すりなどにつかまっておくこと。

③ 決して船の外へ身体を出さないこと。

④ むやみに移動して自身のバランスを崩さないこと。また、移動するときは低い姿勢で手すりなどにつかまること。

⑤ 大きな波などを横切る場合は、同乗者に知らせる。

⑥ 発進時、増速時、変針時、減速時には、状況に応じて同乗者に知らせる。

（11）最大搭載人員の厳守

　定員オーバーはボートの操縦性能に悪影響を及ぼし、海難事故にもつながりかねません。船舶検査証書に記載された定員（最大搭載人員）を厳守しましょう。

　定員は、1歳未満の乳児は算入せず、12歳未満の子供は2名で1名に換算します（国際航海するものを除く）。

2．航行中の注意

（1）無理をしないこと

　航行中は、気象・海象の変化に注意し、天候が悪化しそうであれば、目的地に向かう途中でもただちに帰港するか、最寄りの港に避難するなど、決して無理をせず安全を第一に判断することが大切です。

　危険な状況に遭遇した場合に、それを乗り切ることも船長の能力ですが、危険な状況に陥る前にそれを察知して回避することがより大切です。

（2）見張りの励行

　小型船舶では、見張り不十分や、不適切な操船による事故が多発しています。

　海上では、航行する船舶をはじめ、浅瀬や岩礁、定置網などの漁網や漁具、ゴミなどの漂流物など、航行の支障となるものが数多く存在します。

　航行中、錨泊中を問わず、常に周囲の状況を見張っておくことが最大の安全対策です。

（3）ルールを守る

　航行中は、海上交通の法令や都道府県の条例に定められた交通ルールを守らなければなりません。また、ある地域で限定的に定められているローカルルールや社会通念上のルール（モラルやマナー）についても守ることが大切です。

（4）他の水域利用者に対する配慮

　水上は、レジャーだけでなく多種多様な目的を持った人々によって利用されています。遊泳区域には進入しない、大型船と出合ったら早めに避けるなど、他の水域利用者の特性を十分に理解し、安全な航行を心がけましょう。

3. 帰港後の注意
(1) 入港の連絡
　出港届を出したマリーナには、確実に帰港届を提出すること。また、出航前に連絡した家族や所属先にも、無事に帰港したことを報告するようにしましょう。

(2) 帰港後の手入れ
　船体の金属部分などは海水で錆びないように清水で洗い流しておきましょう。上架する場合には、エンジンの冷却系統を清水で洗浄し、系統内の錆び付き、塩分の固着を防止します。また、燃料やオイルの補充など、次回の航行に備えるようにしましょう。

(3) 適切な保管
　帰港後は、許可された場所で他の船舶の迷惑にならないように係留することが大切です。

① 水上係留の場合
　1）荒天などにより流出したり、他船に接触しないよう確実に係留する。
　2）潮汐の干満を考慮して係留する。
　3）桟橋や他船への接触に備えてフェンダーを取り付ける。

② 陸上保管の場合
　1）船底のプラグをはずし、船内に溜まった水を確実に排出する。
　2）シートをかけ風雨が侵入しないようにしておく。

[2-4] 事故が起きたときの対応

　事故が起きたときには慌てず落ち着いて、落水した者がいるか、ケガ人はいるか、ケガの程度など、人の安全確認を第一に行います。
　そのうえで、船体や設備の損傷状況、エンジンや推進器系統を確認し、自力航行が可能かどうかを確認し、救助要請が必要かどうかを判断します。

1. 落水時の処置
　自身が船から落水してしまった場合は、膨張式ライフジャケットを膨らませたり、船から投下された救命浮環や流木など何か浮く物につかまったり、衣服に空気をため込むなどして浮力を確保するようにします。
　また、体力の温存に努め、できるだけ泳がず、落水した場所で救助が来るのを待つようにします。

2. 救助要請、通報先

　救助を要請する場合は、海上保安庁の緊急通報用電話番号「118番」、湖や河川では警察に要請します。

　救助の要請は、まず落ち着いて、「いつ」「どこで」「何があった」を確実に伝えること。特に位置は、正確に伝えなければ救助に手間取ることになります。

　また、遭難信号を行い、付近を航行中の船舶に救助を求めることも大切です。

3. 海難を知ったら救助に駆けつける

　事故を目撃したり、事故を知ったら、まずは自身の安全を確保して、救助に向かわなければなりません。それが海上を航行する者の常識です。

4. 保険

　小型船舶の事故は、他船や岸壁との衝突、漁網の損傷、人身事故など、重大事故になる可能性が高く、その補償には大きな経済的負担を伴うことにもなります。

　20トン未満の小型船舶のうち、旅客船や遊漁船など営業用船舶には、船客傷害賠償責任保険、遊漁船業者総合保険や漁船保険などがあり、強制的に加入が義務付けられていますが、一般のプレジャーボートには強制的な保険制度はないので、オーナーの責任として運航形態に応じた任意保険に加入し、賠償責任や捜索救助など万一に備えておく必要があります。

小型船舶の保険の例（PB責任・総合保険の場合／令和2年現在）

種類	保険金額	保険料	備考
PB責任保険	1億円	18,500円	5トン未満、50馬力超100馬力以下の艇。捜索救助費用200万円
PB責任保険ワイド		4,000円	5トン未満の艇。船骸撤去費用100万円、水面清掃費用20万円など
PB搭乗者傷害保険	8,000万円	14,640円	1人当たり1,000万円。定員8名
合計		37,140円	

PB：プレジャーボート

第**3**章

小型船舶の船長の遵守事項

[3-1] 船舶職員及び小型船舶操縦者法に基づく遵守事項

　船舶職員及び小型船舶操縦者法は、船舶の航行の安全を目的として、船舶職員として船舶に乗り組ませる者の資格、小型船舶操縦者として小型船舶に乗船させる者の資格および遵守事項などを定めた法律です。

　小型船舶の操縦者は、法令に基づき次の遵守事項を守らなければなりません。

1. 酒酔い等操縦の禁止

　小型船舶の船長は、飲酒や薬物の影響等により正常な操縦ができないおそれがある状態で操縦してはいけません。また、こうした状態にある同乗者に操縦させてもいけません。

2. 自己操縦（無資格者操縦の禁止）

　小型船舶の船長は、次の場合は自ら操縦しなければなりません。

(1) 港則法に基づく港の区域内を航行するとき
(2) 海上交通安全法に基づく航路を航行するとき
(3) 特殊小型船舶（水上オートバイ）に乗船するとき

　ただし、小型船舶操縦者（小型船舶の船長）が指揮監督する帆走中のヨット、漁船、事業用小型船舶、試験員または実技教員が指揮監督する小型船舶、自己操縦免除を受けている小型船舶は、適用が除外されます。

3. 危険操縦の禁止

　小型船舶の船長は、遊泳者や、その他の人の近くで、次の操縦をしたり、他の者にさせてはいけません。

(1) 衝突や、その他の危険を生じさせるおそれのある速力で航行する操縦
(2) 小型船舶を急回転し、または、縫航（ジグザグ走行）する操縦

危険操縦は法的にも禁止されている

1 小型船舶の船長の心得および遵守事項

交通の方法

運航（湖川小出力）

4. ライフジャケットの着用義務

(1) ライフジャケットの着用義務

　次の場合はライフジャケットの着用が義務づけられています。小型船舶の船長は、すべての乗船者にライフジャケットを着用させなければなりません。

① 航行中の特殊小型船舶（水上オートバイ）に乗船している場合
② 12歳未満の小児が航行中の小型船舶に乗船している場合
③ 航行中の小型船舶に一人で乗船して漁ろうに従事している場合
④ 小型船舶の暴露甲板に乗船している場合（※）

※暴露甲板に乗船している場合でも、次の場合は、漁ろうなどの船外へ転落するおそれがある行為を行っている場合を除き、「ライフジャケットを着用させるよう努めること」とされています。

① 次の要件を満たす位置に乗船している場合
　・周囲に高さ75センチメートル以上のさく欄などにより、船外への転落を防止するための設備が設けられていること。
　・船外への転落の防止に関して必要な事項として着用が努力義務となる指定場所の範囲が乗船している者の見やすい箇所に表示されていること（右図）。

② 防波堤その他これに類する波浪を低減することができるものの内側において、岸壁、桟橋その他これらに類するものに係留している小型船舶に乗船している場合。

掲示物の例

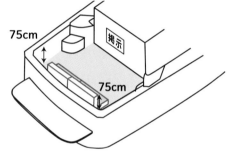

**小型船舶操縦者が指定する
船外への転落のおそれが少ない場所**

75cm

75cm

掲示

○この船では、緑のエリア内に限り船長の了承を得てライフジャケットを脱ぐことができますが、やむを得ない場合を除き、できる限り着用に努めてください

○船長は、あらかじめ確認した気象・海象の予測に基づき船体の動揺が著しく大きくなることが予見されない場合に限り了承します

○ライフジャケットを脱ぐときは、次のことに注意してください
　・船外に身を乗り出す行為をしないこと
　・釣り等の作業をしないこと
　・椅子の上で立ち上がらないこと
　※これらの行為をする場合は、法律に基づきライフジャケットの着用義務が生じます

○荒天時等に船長の指示があった場合は必ずライフジャケットを着用してください

この掲示は、船舶職員及び小型船舶操縦者法施行規則（昭和26年運輸省令第91号）第137条第3項第1号に基づくものです

（2）着用させるライフジャケット

　ライフジャケットには、船舶安全法により「水中で浮き上がる力が7.5kg以上あること」、「顔を水面上に維持できること」などの安全基準が定められています。

　また、ライフジャケットのタイプにより、使用できる船舶も違っています。

　乗船する小型船舶に備え付けることができるライフジャケットは、船舶安全法の規定に基づく検査・検定等に合格して、桜マーク（型式承認試験および検定への合格の印：右図）が付けられています。

　個人でライフジャケットを購入し、持ち込む場合は、必ず乗船する船舶で使用できるタイプか確認するようにしましょう。

タイプ	使用可能な船舶
A	すべての小型船舶
D	陸岸から近い水域のみを航行する旅客船・漁船以外の小型船舶
F	陸岸から近い水域のみを航行する不沈性能、緊急エンジン停止スイッチ、ホーンを有した小型船舶（水上オートバイ等）で、かつ旅客船・漁船以外のもの
G	湾内や湖川のみを航行する不沈性能、緊急エンジン停止スイッチ、ホーンを有した小型船舶（水上オートバイ等）で、かつ旅客船・漁船以外のもの

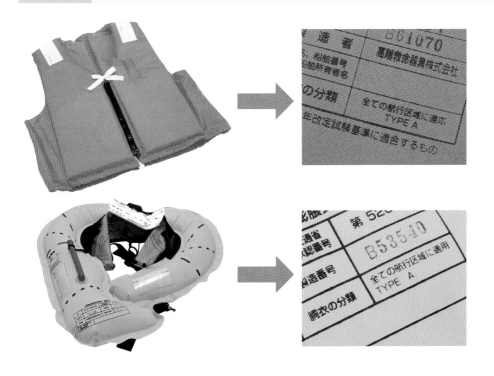

(3) ライフジャケットの着用義務が除外される者

次の者には、ライフジャケットの着用の義務はありません。

① 負傷や障害のため、または妊娠中であることにより、船外への転落に備える必要な措置を講ずることが療養上または健康保持上適当でない者

② 著しく体型が大きいなど、身体の状態により適切に船外への転落に備える必要な措置を講ずることができない者

③ ダイビング等の船外に出て行うスポーツ・レクリエーションその他の船外における活動を行うための装備を着用していることにより、ライフジャケットを着用することが専用の装備の機能保持上適当でない者。

　　ただし、釣りなどの船上において行う活動を行う者、特殊小型船舶に乗船している者、航行中の小型船舶に乗船している12歳未満の小児、一人で漁ろうに従事している者を除く。

④ 適切な墜落制止用器具を装着させるなど、適切な措置に相当すると認められる措置が講じられている者

⑤ 海上運送法に定める安全管理規程を届け出た事業者が当該規程に従って運航する船舶に乗船している者

⑥ 遊漁船業の適正化に関する法律に定める業務規程を届け出た遊漁船業者が当該規程に従って運航する船舶に乗船している者

⑦ 船室内に乗船している者

5. 発航前の検査

小型船舶の船長は、安全に航行するために、次の発航前の検査を実施しなければなりません。

(1) 燃料および潤滑油の量の検査

(2) 船体、機関、救命設備その他の設備の検査

(3) 気象情報、水路情報その他の情報の収集

(4) その他、小型船舶の安全な航行に必要な準備が整っていることの検査

6. 適切な見張りの実施

小型船舶の船長は、安全に航行するために、前方の水面や船舶の状況はもちろんのこと、周囲にある船舶や岩礁、暗礁などの状況、浮遊物など、常に見張りを行うことが必要です。

また、航行中、漂泊中、錨泊中を問わず、必要に応じて同乗者に指示するなど、そのときの状況に適した手段により、常時適切な見張りを実施しなければなりません。

7. 事故時の人命救助

　小型船舶の船長は、自身に急迫した危険がある場合を除いて、操縦する小型船舶が衝突したとき、またはその小型船舶に急迫した危険があるときは、人命の救助に尽くさなければなりません。

8. 再教育講習と点数制度

　小型船舶操縦者（小型船舶の船長）が遵守事項に違反し、違反の累積点数が行政処分の基準に達した場合は、船舶職員及び小型船舶操縦者法に基づく行政処分（戒告または6月以内の業務の停止）を受けることになります。

　この場合、違反者には「再教育講習」の受講通知が発出され、講習を受講すれば処分の軽減を受けることができます。また、累積点数が行政処分の基準に達していない場合でも2点が減点されます。違反点数、行政処分等の基準は、次のとおりです。

遵守事項違反点数表

違反の内容	点数	他人を死傷させた場合
酒酔い等操縦、自己操縦義務違反、危険操縦、見張りの実施義務違反	3点	6点
ライフジャケットの着用義務違反、発航前の検査義務違反	2点	5点

行政処分基準

		過去1年以内の違反累積点数			
		3点	4点	5点	6点
過去3年以内の処分前歴※	無	―	―	業務停止 1月	業務停止 2月
	有	業務停止 3月	業務停止 4月	業務停止 5月	業務停止 6月

※処分前歴とは、遵守事項違反等による処分または海難審判所の裁決による操縦免許に係る処分の前歴をいいます。

処分の免除および軽減基準表

処分区分表に基づく処分内容	軽減後の処分内容
1月の業務停止	戒告
1月を超える業務停止	業務停止期間を1月間短縮

法定遵守事項に関連する　事故例

　平成15年に施行された「船舶職員及び小型船舶操縦者法」に定められた小型船舶操縦者の遵守事項に関する事故例をいくつか挙げてみましょう。

船種・事故の原因等	事故の種類・結果	概　要
・モーターボート ・飲酒による注意力低下	・衝突 ・自船：船首部および推進器損傷 ・相手船：同乗者1人死亡、1人重傷、大破して転覆	船長は発航前19〜21時に食事中ビール大2、3本を飲んだ。23時過ぎ1人で乗り組み発航、翌0時過ぎ左舷船首方向1海里のところに、前路を右方向に横切るプレジャーボートの灯火があり衝突のおそれがある態勢で接近したが、見張り不十分でこれに気づかず、避航の協力動作をとらないまま続航、0時5分同船と衝突した。
・水上オートバイ ・無資格者操縦	・衝突 ・同乗者1人死亡	操縦者は無資格にもかかわらず同乗者2名とともに遊走中、潮止堰（しおどめぜき）の存在に気づかなかったため、これに衝突した。同乗者1人が外傷性ショックにより死亡し、操縦者および他の1人が全身打撲等を負い、水上オートバイは大破した。
・モーターボート ・救命胴衣不着用	・転覆 ・同乗者6人中3人死亡	船長は、早朝に友人6人と河川の定係地を発し、河口沖合の釣場に向かっていた。発航前、低気圧のため風雨が強まることが予想されたが、全員備付けの救命胴衣を着用しないで発航した。発航5分後、高波を受けて転覆。船長は近くの海岸に漂着、転覆した船につかまっていた同乗者6人中3人は船ごと海岸に打ち上げられ救助されたが、残りの3人は力尽きて溺死した。救命胴衣を着用していれば、船から離れず救助された可能性が高いとされた。
・モーターボート ・燃料切れ	・運航阻害 ・燃料切れで航行不能	船長は出航前、潤滑油量・冷却水量は確認したものの、燃料油タンクの油面計による油量の確認をせず、残油量が10リットルしかないことに気づかないまま7時半に発航、釣場で主機を停止して釣りを開始、その後数回潮上りをした後、14時釣りを終えて帰途につき、全速進行中、14時02分燃料切れで主機が停止した。
・遊漁船 ・見張り不十分（動静監視不十分）	・衝突 ・相手船：外板および操舵室損壊のち廃船、船長重傷	船長は遊漁船に1人で乗り組み、釣り客7人を乗せ7時に発航、遊漁の後10時20分発航地に戻るため釣り場を離れ手動操舵で全速進行した。同34分頃右舷船首500mに漂泊して釣りをしている他船を初認したが、その後同船の動静監視を十分に行わず、衝突のおそれのある態勢で接近していることに気づかず、原針路、原速力のまま進行、10時35分船首が他船の左舷後部に衝突した。他船の船長は、相手が当然避けるものと思い込み見張りを十分に行わず漂泊を続け、衝突寸前に海中に逃れたが、その際に重傷を負った。

[3-2] 小型船舶の免許制度

1. 免許の種類

（1）小型船舶操縦士免許の資格区分

小型船舶操縦士免許の資格区分により、乗船できる船舶は次のとおりです。

資格区分		航行区域	船の大きさ等
	技能限定		
一級小型船舶操縦士		すべての水域	20トン未満の船舶（水上オートバイを除く）
二級小型船舶操縦士	無	平水区域及び沿海区域のうち海岸から5海里（9.26キロメートル）以内の水域	20トン未満の船舶（水上オートバイを除く）
	二号限定（大きさ）		5トン未満の船舶（水上オートバイを除く）
	一号限定（航行区域・大きさ・出力）	湖川・一部の海域	総トン数5トン未満の船舶かつ機関出力15キロワット未満の船舶（水上オートバイを除く）
特殊小型船舶操縦士		操縦する船舶の船舶検査証書に記載された航行区域	特殊小型船舶（水上オートバイ） ・長さ4メートル未満、かつ、幅1.6メートル未満であること ・定員が2名以上の小型船舶にあっては、操縦位置及び乗船者の着座位置が直列のものであること ・ハンドルバー方式の操縦装置を用いる小型船舶その他の身体のバランスを用いて操縦を行うことが必要な小型船舶であること ・推進機関として内燃機関を使用したジェット式ポンプを駆動させることによって航行する小型船舶であること ・操縦者が船外に転落した際、推進機関が自動的に停止する機能を有する等操縦者がいない状態の小型船舶が船外に転落した操縦者から大きく離れないような機能を有すること

① 総トン数20トン以上の船舶への乗船

総トン数20トン以上の船舶であっても、スポーツまたはレクリエーションのみに使用する長さ24メートル未満の船舶は、一級小型船舶操縦士および二級小型船舶操縦士（技能限定を除く）の免許で小型船舶操縦者（小型船舶の船長）として乗船することができます。

② 総トン数20トン以上の漁船への乗船

　総トン数20トン以上の船舶であっても、次に掲げる基準に適合する漁船については、一級小型船舶操縦士の資格を保有している者が「特定漁船講習」の課程を修了することにより、小型船舶操縦者として乗船することができます。

　　1) 長さ24メートル未満のもの
　　2) 総トン数80トン未満のものであること
　　3) 出力が750キロワット未満の推進機関を有するものであること
　　4) 沿海区域の境界から外側80海里以遠の水域を航行しないものであること
　　5) 操舵位置において、一人で操縦を行う構造の漁船であること
　　6) 機関区域が無人の状態であっても、警報によりただちに機関区域に行くことができるよう措置された漁船であること
　　7) 軽油またはA重油を内燃機関の燃料として使用する漁船であること
　　8) 一航海の期間が10日を超えない漁船であること
　　9) 適切な見張り体制を維持するための体制が確保された漁船であること
　　10) 僚船による支援体制が確保された漁船であること
　　11) 遊漁船業の適正化に関する法律(昭和63年法律第99号)第2条第2項に規定する遊漁船でないこと

(2) 特定操縦免許

　船舶運航事業または遊漁船業により旅客の輸送を行う小型船舶の船長になろうとする場合は、操縦試験に合格し、「特定操縦免許講習」の課程を修了して「特定操縦免許」を取得しなければなりません。

2. 操縦免許の取得年齢

　次の年齢に達していれば操縦士免許を取得できます。

(1) 一級小型船舶操縦士および二級小型船舶操縦士 ………… 18歳
(2) 二級小型船舶操縦士(技能限定) …………………………… 16歳
(3) 特殊小型船舶操縦士 ………………………………………… 16歳

3. 免許証の有効期間

　小型船舶操縦免許証の有効期間は5年間です。

　有効期間が満了する1年前から更新手続きにより、有効期間を更新することができます。有効期間を過ぎると操縦免許証は失効してしまうので、失効再交付の手続きが必要になります。

4. 免許証更新の要件
(1) 操縦免許証の更新
操縦免許証を更新するためには、次の要件を満たさなければなりません。
① 一定の身体検査基準を満たしていること。
② 次のいずれかの要件を満たしていること。
　1) 登録操縦免許証更新講習実施機関が行う更新講習を修了していること。
　2) 必要な乗船履歴を有していること。
　3) 地方運輸局長が認める特定職務に一定期間従事していたこと。

(2) 失効した操縦免許証の再交付
操縦免許証の更新手続きを行わず、操縦免許証が失効してしまった場合には、失効再交付の手続きにより操縦免許証の再交付を受けることができます。

操縦免許証の再交付を受けるためには、次の二つの要件を満たさなければなりません。
① 一定の身体検査基準を満たしていること。
② 登録操縦免許証失効再交付講習実施機関が行う失効再交付講習を修了していること。

5. 免許証更新等の申請窓口
(1) 登録更新講習・失効再交付講習の受講手続き
操縦免許証の更新手続きにあたり、乗船履歴や特定職務の経歴がない場合は更新講習を、免許証が失効している場合は失効再交付講習を受講し修了していることが要件になります。

更新講習および失効再交付講習は、全国に所在する「登録更新講習・失効再交付講習実施機関」で開催されており、国土交通省のホームページからも検索できます。

Q 検索 | **更新講習・失効再交付講習　国土交通省**

（2）免許証の更新、失効再交付の手続き

　操縦免許証の有効期間の更新、失効再交付は、国土交通大臣が行います。

　申請手続きは、地方運輸局や運輸支局等の窓口で行います。申請は、原則として本人が行いますが、委任手続きにより海事代理士による申請も可能です。

（3）その他の手続き

　操縦免許証の訂正、滅失、き損等による再交付についても、国土交通大臣が行います。

　これらの申請手続きも、免許証の更新、失効再交付の手続きと同様に、地方運輸局や運輸支局等の窓口で行います。申請は、更新、失効再交付手続きと同様に、原則として本人が行いますが、委任手続きにより海事代理士による申請も可能です。

6. 操縦免許証の取扱い

（1）小型船舶に乗船する場合には、船内に操縦免許証を備え置かなければなりません。

（2）操縦免許証を他人に譲渡または貸与してはいけません。

（3）本籍の都道府県名、住所もしくは氏名に変更を生じたとき、または記載事項に誤りがあることを発見したときは、遅滞なく操縦免許証の訂正を申請しなければなりません。

（4）操縦免許証を滅失またはき損したときは、操縦免許証の再交付を申請することができます。

小型船舶操縦免許証の見本

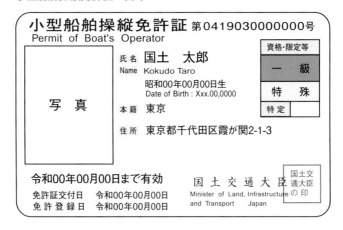

※旅客船や遊漁船に小型船舶操縦者（船長）として乗船するときは、「特定操縦免許講習」を受講し、特定操縦免許を受けなければなりません。

[3-3] 小型船舶の検査および登録制度

　総トン数20トン未満の小型船舶の検査や登録は、それぞれ小型船舶安全規則、小型船舶の登録等に関する法律に基づいて、日本小型船舶検査機構（JCI）が国に代わって行います。

1. 小型船舶の検査制度

（1）検査対象船舶

　エンジンを有する小型船舶は、原則としてすべて検査の対象になります。

　ただし、長さ3メートル未満でエンジンの出力が1.5キロワット未満の船舶は検査が免除されます。

　また、エンジンを有さない小型船舶であっても、次の船舶は検査の対象になります。

【エンジンを有さない検査の対象となる船舶】

① 沿海区域を超えて航行するヨット

② エンジンを有する他の船舶に引かれる客船および遊漁船

③ 旅客定員7人以上のろかい客船

（2）検査の種類

　小型船舶の主な検査は次のとおりです。

①定期検査

　初めて船舶を航行させるとき、または船舶検査証書の有効期間が満了したときに受ける精密な検査で、一般のプレジャーボートは6年ごと、旅客船は5年ごとに受検します。

②中間検査

　定期検査と定期検査との間に受ける簡単な検査で、船舶の用途により実施時期が異なります。一般のプレジャーボートは、定期検査後3年目に受検します。

小型船舶の検査の時期

| 定期検査 | 中間検査 | 定期検査 |

③臨時検査

改造、修理または設備の新替え等を行ったとき、船舶の用途、航行区域、最大搭載人員などの船舶検査証書に記載された航行上の条件を変更するときなどに受ける検査です。

④臨時航行検査

船舶検査証書の交付を受けていない船舶を臨時に航行させるときに受ける検査です。

（3）検査に関する証書類

定期検査に合格した小型船舶には、船舶検査証書、船舶検査手帳、船舶検査済票、次回検査時期指定票が交付されます。

船舶検査証書と船舶検査手帳は船内へ備え付け、船舶検査済票は両船側の船外から見やすい場所に貼付しなければなりません。

①船舶検査証書

船舶検査証書には、船種および船名、船舶番号・船舶検査済票の番号または漁船登録番号、船籍港または定係港、総トン数または船舶の長さ、航行区域または従業制限、最大搭載人員が記載されます。

有効期間は、次回定期検査までの6年間（小型旅客船は5年）です。

②船舶検査手帳

船舶検査手帳には、次に受けるべき検査の種類とその時期、船舶の記録等が記載されます。

③船舶検査済票

船舶検査済票は、定期検査合格年、交付した支部番号を表し、登録を受けている場合は、船舶検査済票の数字部を船舶番号として活用します。

船舶検査済票と船舶番号

④**次回検査時期指定票**

　定期検査、中間検査に合格したときに交付され、次回の検査期限が年月で表示されます。船舶の両側で外から見やすい場所に貼付しなければなりません。

（4）船舶検査証書の注意事項
①航行区域

　航行区域とは、船舶の大きさ、構造、設備などに応じて指定される航行可能な水域をいいます。平水区域、沿海区域、近海区域、遠洋区域があります。

　小型船舶の場合は、気象や海象の変化が航行の安全に影響する度合いが大きいことから、船舶の構造、大きさ、速力などを考慮したうえで、沿海区域の一部に限定した「沿岸区域」や「2時間限定沿海」が比較的多く指定されています。

②最大搭載人員

　最大搭載人員は、その船舶の復原性や居住設備などに応じて算定されます。

　船舶検査証書に記載されるだけではなく、船内外の見やすい場所に表示することが義務付けられています。

　なお、算定にあたっては、1歳未満は算入せず、12歳未満の子供は2名で定員1名に換算されます（国際航海するものを除く）。

（5）法定備品

　法定備品とは、法律によって船舶に備え付けなければならない備品をいい、船舶の運航形態や航行区域によって異なりますが、係船設備、救命設備、無線設備、消防設備、排水設備、航海用具および一般備品があります。

2．小型船舶の登録制度

　小型船舶の登録制度とは、プレジャーボートなどの小型船舶について、所有者の所有権を登録により公証するための制度で、登録を受けなければ小型船舶を航行させることはできません。

（1）登録対象船舶

　総トン数20トン未満の小型船舶が登録の対象になりますが、次に該当する船舶は登録の対象外になります。

① 漁船登録船

② ろかい舟または主としてろかいをもって運転する舟

③ 推進機関を有する長さ3メートル未満の船舶で、推進機関が20馬力未満のもの

④ 長さ12メートル未満の帆船（ただし、国際航海に従事するもの、沿海区域を超えて航行するもの、推進機関を有するもの、人の運送の用に供するものは登録が必要です）

(2) 登録の種類
①新規登録
登録を受けていない小型船舶を新たに登録する場合に行います。

申請のあった船舶の総トン数が測定され、次に掲げる事項および国土交通省令で定められた船舶番号が原簿に記載されて登録されます。

1）船舶の種類
2）船籍港
3）船舶の長さ、幅および深さ
4）総トン数
5）船体識別番号
6）推進機関を有するものにあっては、その種類および型式
7）所有者の氏名または名称および住所
8）登録年月日

②変更登録
新規登録を受けた小型船舶について、登録事項のいずれかに変更があった場合に行います。ただし、移転登録、抹消登録の場合は、この変更登録は必要ありません。

③移転登録
売買等により所有権に変更のあったとき、登録されている小型船舶の所有者を変更する場合に行います。

④抹消登録
沈没、解撤（スクラップ）などにより、登録小型船舶が存在しなくなった場合、海外に売船された場合、漁船登録された場合など、登録されている小型船舶の登録を抹消するときに行います。

(3) 船舶番号の表示
小型船舶の所有者は、船舶が登録され船舶番号の通知を受ければ、遅滞なく当該船舶に船舶番号を表示しなければなりません（「船舶検査済票と次回検査時期指定票」参照）。

(4) 登録に関する証書類
①譲渡証明書
　小型船舶を譲渡する場合に、譲渡する者が、譲受人に交付しなければならない証明書です（譲渡の年月日、船体識別番号等を記載したもの）。

②国籍証明書
　小型船舶を国際航海に従事させる場合には、当該船舶が日本船舶であることを証明するため、国土交通大臣（運輸局および運輸支局等）から交付を受けて、船内に備え置かなければなりません。

3-4　小型船舶に関するルール

1. 地方自治体による条例
　地方自治体では、それぞれの特定の水域や内水面における水上交通の安全を確保するために、さまざまな条例を設けています。
　条例による取り締まりは、それぞれの都道府県の警察が行い、違反した場合には罰則が科せられます。

(1) 水上安全条例
　特定の海域や内水面における水上交通の安全、遊泳者の保護、漁業者の安全確保等を目的として制定される条例で、その水域の特性を考慮した総合的な交通ルールになっています。

(2) 迷惑防止条例
　水上において船舶以外のレジャーを楽しむ人の安全を確保するため、迷惑防止条例と呼ばれる「公衆に著しく迷惑をかける暴力的不良行為等の防止に関する条例」が設けられています。
　モーターボート等による急回転や縫航などの危険行為は、この条例においても禁止されています。

(3) 環境条例
　自然環境や生活環境の保全を目的として、都道府県の自然公園にある湖沼や住宅地に近接する湖や川において、動力船の使用禁止、夜間航行の禁止、航行禁止区域の設定、航行中の騒音規制、環境に負荷をかけるエンジンの使用禁止などが定められています。

2. 環境保全に関するルール

海洋環境の保全は、海洋汚染等及び海上災害の防止に関する法律により規制されています。また、国立公園や国定公園の自然環境の保全については、自然公園法および自然環境保全法により規制さています。

(1) 海洋汚染等及び海上災害の防止に関する法律

船舶や海洋施設、航空機から海洋に油や有害液体物質、廃棄物を排出することなどを規制し、海洋環境の保全とともに人命や身体、財産の保護を目的として定められている法律です。

油が広範囲に海面に広がっていることを発見した場合には、海上保安庁への通報義務も定められています。

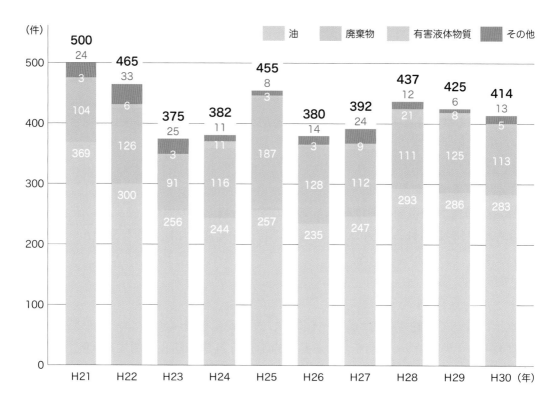

海上保安庁における近年の海洋汚染の確認件数では、油による汚染の件数が最も多く、次いで廃棄物による汚染が多い傾向になっています。油以外の物質による汚染では、故意に捨てられるものが多くなっています。

(2) 自然公園法および自然環境保全法

自然環境の保全や適切な利用環境の確保を図るため、国立公園や国定公園で乗入れ規制区域を指定し、動力船の航行を禁止しています。

3．ローカルルール

　海岸や川の一区画などの狭い範囲の水域のみに通用するローカルルールがあります。このルールは、地域の関係者等により決められたもので、法的な拘束力はありませんが、安全に航行するためには、必ずローカルルールを確認し、ルールに従って航行することが必要です。

4．国際条約等

（1）国際航海船舶及び国際港湾施設の保安の確保等に関する法律

　海上における人命の安全のための国際条約（SOLAS条約）により規制される国際港湾施設では、岸壁や係留船舶への接近が制限される「制限区域」が設定されていることがあり注意が必要です。

（2）日米安全保障条約

　この条約に付属する「日米地位協定」に基づく「施設及び水域に関する制限条件」によって、米軍への提供水域は航行が規制されているので注意が必要です。

第2編

交通の方法

第 1 章

一般海域での交通ルール（海上衝突予防法）

　海上衝突予防法とは、船舶の守るべき航法、表示すべき灯火や形象物、行うべき信号などが定められ、海上における船舶の衝突を予防し、船舶交通の安全を図るために定められた法律です。

　海上衝突予防法のルールは、一般海域のほか、海からの船舶が行き来できる港湾、河川、湖沼（こしょう）などの水域にも適用されます。

　琵琶湖のように海とつながっていない水域には適用されませんが、そのような水域の多くには各都道府県が条例として定めたルールがあります。

Ⅰ あらゆる視界の状態における航法

1-1 基本となる航法

　船舶は、視界がどのような状態であっても、航行中は次の航法を守らなければなりません。ここで航行中とは、船舶が錨泊（びょうはく）あるいは陸岸に係留しておらず、または乗り揚げていない状態をいいます。

1. 見張り

　船舶は、周囲の状況を判断し、他の船舶と衝突しないよう、見渡す＝双眼鏡の活用、音を聞く＝窓を開ける、レーダーの活用など、そのときの状況に適したあらゆる手段を使って常に適切な見張りをしなければなりません。

2. 安全な速力

　船舶は、他の船舶との衝突を避けるための適切かつ有効な動作をとること、または、そのときの状況に適した距離で停止することができるように、常に安全な速力で航行しなければなりません。

　速力は、特に次の事項（レーダーを搭載していない船舶は（1）～（6））を考慮して決定しなければなりません。
（1）視界の状態
（2）船舶交通の輻輳（ふくそう）の状況

(3)自船の停止距離、旋回性能その他の操縦性能

(4)夜間における陸岸の灯火、自船の灯火の反射等による灯光の存在

(5)風、海面および海潮流(かいちょうりゅう)の状態並びに航路障害物に接近した状態

(6)自船の喫水(きっすい)と水深との関係

(7)自船のレーダーの特性、性能および探知能力の限界

(8)使用しているレーダーレンジによる制約

(9)海象、気象その他の干渉原因がレーダーによる探知に与える影響

(10)適切なレーダーレンジでレーダーを使用する場合においても小型船舶および氷塊(ひょうかい)その他の漂流物を探知することができないときがあること。

(11)レーダーにより探知した船舶の数、位置および動向

(12)自船と付近にある船舶その他の物件との距離をレーダーで測定することにより視界の状態を正確に把握することができる場合があること。

3. 衝突のおそれ

　船舶は、他の船舶と「衝突するおそれ」があるかどうかを判断するため、そのときの状況に適したすべての手段を用いなければなりません。

(1)接近してくる他の船舶のコンパス方位に明確な変化が認められない場合は、これと衝突するおそれがあると判断しなければなりません。

コンパスを搭載していないときには、船首や窓枠など船体の一部と他船との見通し位置の変化からも判断ができます。

(2)コンパス方位が明確に変化している場合であっても、大型船舶や曳航(えいこう)作業に従事している船舶に接近し、または近距離で他の船舶に接近するときは、これと衝突するおそれがあり得ることを考慮しなければなりません。

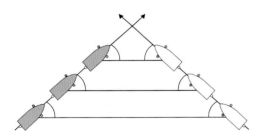

コンパス方位に明確な変化がないときは
衝突のおそれがある

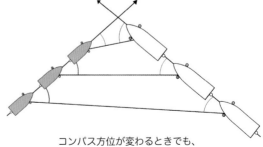

コンパス方位が変わるときでも、
他船が大型船の場合などは衝突のおそれがある

（3）レーダーを使用している船舶は、他の船舶と衝突するおそれがあることを早期に知るために、長距離レンジによる走査や探知した物標のプロッティングその他の系統的な観察を行うなど、レーダーを適切に用いなければなりません。

（4）船舶は、不十分なレーダー情報、その他の不十分な情報に基づいて、他の船舶と衝突するおそれがあるかどうかを判断してはいけません。

（5）他の船舶と衝突のおそれがあるかどうか判断できないときは、これと衝突するおそれがあると判断しなくてはなりません。

4. 衝突を避けるための動作

（1）他の船舶との衝突を避けるための動作は、十分余裕のある時期に、ためらわずに行うこと。

（2）衝突を避けるために針路または速力の変更を行う場合は、その変更を他の船舶が容易に認めることができるように、できるかぎり大幅に行うこと。

（3）広い水域では、新たに他の船舶に著しく近づくことにならず適切な時期に大幅に行われる針路のみの変更が、有効な動作となる場合がある。

（4）他の船舶との間に安全な距離を保って通過できるように動作すること。この場合には、その動作の効果を、他の船舶が通過して十分に遠ざかるまで慎重に確かめること。

（5）周囲の状況を判断するため、または他の船舶との衝突を避けるために、必要な場合は減速または機関停止もしくは後進により停止すること。

5. 狭い水道等における航法

（1）船舶が、狭い水道または航路筋など「狭い水道等」に沿って航行する場合は、安全な範囲において、狭い水道等の右側端に寄って航行しなければなりません。

（2）航行中の船舶は、狭い水道等において、帆船や漁ろうに従事している船舶の進路を避けなくてはなりません。
　　ただし、帆船や漁ろうに従事している船舶でも、狭い水道等の水深の深いところでなければ安全に航行することができない船舶の通航を妨げてはいけません。

（3）追越し船は、狭い水道等において、追い越される船舶が自船を安全に通過させるための動作をとらなければ追い越すことができない場合は、汽笛信号を行うことにより追越しの意図を示さなければなりません（［1-10］追越し信号参照）。
　　この場合には、追い越される船舶が、その意図に同意したときは、汽笛信号を行い、その追越し船を安全に通過させるための動作をとらなければなりません。

（4）船舶は、狭い水道等の内側でなければ安全に航行することができない他の船舶の通航を妨げることになる場合は、狭い水道等を横切ってはなりません。

（5）長さ20メートル未満の動力船は、狭い水道等の水深の深いところでなければ安全に航行することができない船舶の通航を妨げてはいけません。

（6）船舶は、狭い水道等において他の船舶を見ることができない湾曲部等に接近する場合は十分注意して航行しなくてはなりません。
このとき汽笛信号の長音1回を吹鳴し、この信号を聞いた他の船舶は汽笛信号の長音1回で応答しなくてはなりません。

（7）船舶は、狭い水道等において、やむを得ない場合を除いては錨泊してはいけません。

Ⅱ 互いに他の船舶の視野の内にある船舶の航法

海上衝突予防法では、船舶が互いに視覚（双眼鏡の使用を含む）によって他の船舶を見ることができる状態にあることを「互いに他の船舶の視野の内にある」といいます。

1-2 行会い船

「行会い」とは、真向かい、または、ほとんど真向かいに行き会うことをいいます。

2隻の動力船（モーターボートなどエンジンを用いて推進する船舶）が行会い状態で衝突のおそれがあるときは、互いに他の船舶の左舷側を通過することができるように、それぞれ針路を右に転じなければなりません。

夜間では、他の動力船のマスト灯2個を垂直線上、もしくは、ほとんど垂直線上に見るとき、または両側の舷灯を見るとき、昼間では、他の動力船を、これに相当する状態に見るときは、行会いの状況にあると判断しなければなりません。

また、接近してくる他の船舶が真向かいから来るのかどうかが確かめられない場合は、真向かいから来ると判断します。

行会い船の航法

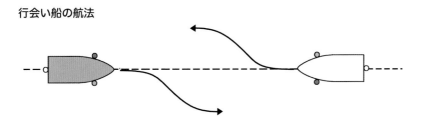

[1-3] 追越し船

「追越し船」とは、船舶の種類には関係なく、船舶の正横後22度30分よりも後方の位置から、その船舶を追い越す船舶のことをいいます。夜間の場合は、船尾灯のみが見えて、いずれの舷灯も見えない位置になります。

追越し船は、追い越される船舶を確実に追い越し、その船舶から十分に遠ざかるまで、その船舶の進路を避けなければなりません。

自船が追越し船であるかどうか確かめられない場合は、追越し船であると判断しなければなりません。

追越し船の航法

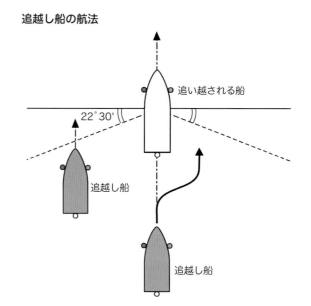

[1-4] 横切り船

2隻の動力船が互いの進路を横切る状態にある場合を「横切り船」といいます。この2隻が衝突するおそれがあるときは、他の動力船を右舷側に見る動力船は、変針、減速、停止または後進により、他の動力船の進路を避けなければなりません。

この場合、他の動力船の進路を避けなければならない動力船は、やむを得ない場合を除き、他の動力船の船首方向を横切ってはなりません。

横切り船の航法

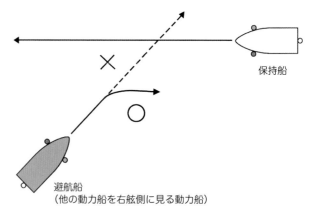

[1-5] 避航船と保持船

1. 避航船

相手船の進路を避けなければならない船舶を「避航船」といいます。

避航船が避航動作をとるときは、相手船から十分に遠ざかるため、できるかぎり早い時期に、かつ、大幅に変針、減速、停止などの動作をとらなければなりません。

2. 保持船

避航船によって避航してもらう側の船舶を「保持船」といいます。

保持船は、次の動作をとらなくてはなりません。

（1）針路、速力を保持して航行しなくてはなりません。

（2）避航船が衝突を避けるための適切な動作をとっているか疑わしい場合には、短音5回以上の汽笛信号を発し、避航船に警告します。

（3）避航船が衝突を避けるための適切な動作をとっていないことが明らかな場合は、保持船は衝突を避けるための動作をとることができます。

ただし、横切り関係にある場合の保持船は、やむを得ない場合を除いて左に転じて避航してはいけません。

（4）避航船が間近に接近し、避航船の動作のみでは衝突を回避できない場合、保持船は衝突を避けるための「最善の協力動作」をとらなくてはなりません。

避航船と保持船の動作①

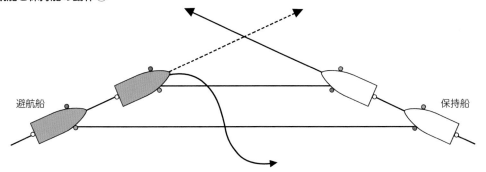

避航船　　　　　　　　　　　　　　　　　　　　　　　　　　　　保持船

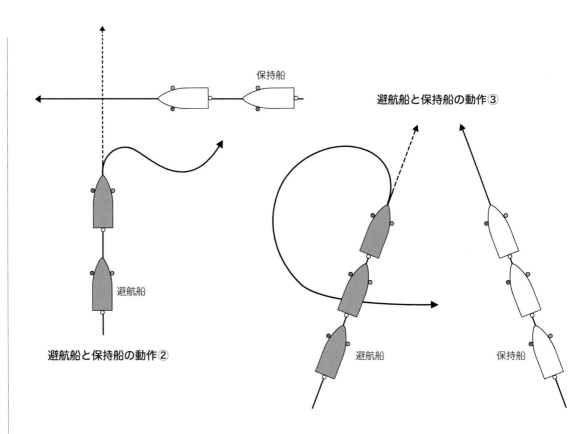

保持船

避航船と保持船の動作③

避航船

避航船と保持船の動作②

避航船　　　　　保持船

1-6　各種船舶間の航法

　船の種類や操縦性能の違いにより、他の船舶の進路を避けなければならない船舶が定められています。操縦性能の良い船が悪い船を避けることが原則になっています。
　ただし、この航法は追越し関係にある船には適用されません。

1. 動力船が避けなければならない船舶
(1) 運転不自由船
　機関や舵の故障、走錨、その他の異常な事態が生じたため、他船の進路を避けることができない船舶。

(2) 操縦性能制限船
　しゅんせつ、海底電線の敷設等の作業中で、他船の進路を避けることができない船舶。

(3) 漁ろうに従事している船舶
　船の操縦性能を制限する網、縄などの漁具を用いて漁をしている漁船です。
　ただし、一本釣りの漁船、漁場に向かうなど移動中の漁船には該当しません。

（4）帆船

　　セール（帆）のみを使って走っている船舶です。

　　ただし、帆とエンジンの両方を使って走っている帆船は「動力船」になります。

2. 帆船が避けなければならない船舶

（1）運転不自由船

（2）操縦性能制限船

（3）漁ろうに従事している船舶

3. 漁ろうに従事している船舶ができる限り避けなければならない船舶

（1）運転不自由船

（2）操縦性能制限船

4. 喫水制限船に対する規定

　　運転不自由船、操縦性能制限船以外の船舶は、やむを得ない場合を除いて、喫水制限船（喫水が深いため、それ以上の水深がある進路しか走れない船舶）の安全な通行を妨げてはいけません。

　　また、喫水制限船は、その特殊な状態を考慮し、十分に注意して航行しなければなりません。

Ⅲ 視界制限状態における船舶の航法

　　船舶が、霧、もや、降雪、暴風雨、砂あらし、その他これらに類する事由により視界が制限されている状態を「視界制限状態」といいます。

1-7 視界制限状態における航法

　　船舶が、視界制限状態にある水域またはその付近を航行するときは、視界制限状態であることを十分に考慮し、見張りを厳重に行い、衝突を避けるように安全な速力で航行するとともに、次のことに注意しなければなりません。

（1）動力船は、視界制限状態においては、機関をただちに操作することができるようにしておかなければなりません。

(2) レーダーのみで他船を探知し、他船と著しく接近することまたは衝突を避けるための動作をとる際は、やむを得ない場合を除き、他船が自船の正横より前方にいるときは針路を左に転じてはならず、正横または正横より後方にいるときはその方向へ針路を転じてはなりません。

(3) 音響信号（[1－10] 参照）が自船の正横より前方から聞こえてきた場合は、舵が効く最小限度の速力に減速し、また、必要に応じて停止しなければなりません。

この場合、衝突の危険がなくなるまで十分注意して航行しなければなりません。

[1-8] 灯火

衝突を防ぐには、早く他の船舶を発見し、その船舶の種類や状態、進んでいる方向を知り、自船との位置関係などを判断する必要があります。その判断を助けるのが灯火、形象物、信号などです。

1. 法定灯火

船舶は、法律の定める「法定灯火」を日没から日出までの間表示しなければなりません。また、この間は、次の灯火を表示してはなりません。

(1) 法定灯火と誤認される灯火
(2) 法定灯火の視認または特性の識別を妨げる灯火
(3) 見張りを妨げる灯火

2. 視界制限状態における灯火

視界制限状態においては、日出から日没までの間であっても「法定灯火」を表示しなければなりません。

また、その他必要と認められる場合は、これを表示することができます。

プレジャーボートの灯火

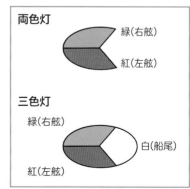

3. 灯火の種類とその射光範囲
(1)灯火の種類

灯火は、次のように灯色や射光範囲が規定されています。

航海灯	色	照射範囲	射光範囲等	設置位置
マスト灯	白	225度にわたる水平の弧を照らす	正船首方向から各正横後22度30分までの間を照らす	船舶の中心線上に装置
舷灯	緑 / 紅	それぞれ112度30分にわたる水平の弧を照らす一対の灯火	緑灯は正船首方向から正横後22度30分までの間を照らす / 紅灯は正船首方向から正横後22度30分までの間を照らす	右舷側に装置 / 左舷側に装置
両色灯	緑 紅	それぞれの舷灯の緑灯および紅灯と同一の特性を有する	緑灯が正船首方向から右舷正横後22度30分までの間を紅灯が正船首方向から左舷正横後22度30分までの間をそれぞれ照らす	船舶の中心線上に装置
船尾灯	白	135度にわたる水平の弧を照らす	正船尾方向から各舷67度30分までの間を照らす	できる限り船尾近くに装置
全周灯	白 緑 紅	360度にわたる水平の弧を照らす	360度にわたる水平の弧を照らす灯火	船舶の中心線上に装置
引き船灯	黄	135度にわたる水平の弧を照らす	正船尾方向から各舷67度30分までの間を照らす	船尾灯の垂直線上の上方に装置
閃光灯	黄	360度にわたる水平の弧を照らす	一定の間隔で毎分120回以上の閃光を発する	船舶の中心線上に装置
三色灯	白 緑 紅	両色灯および船尾灯と同一の特性を有する	両色灯および船尾灯と同一の特性を有する	マストの最上部またはその付近の最も見えやすい場所（船舶の中心線上に装置）

灯火の種類（50m未満の船舶の場合）

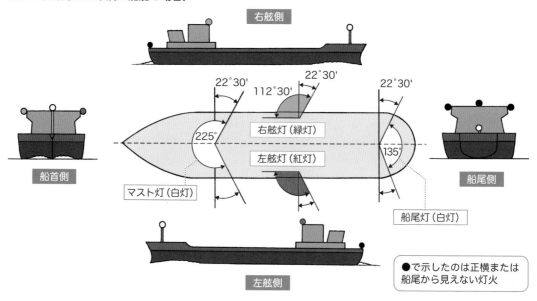

右舷側

22°30'　112°30'　22°30'　　　22°30'

225°　　右舷灯（緑灯）

　　　　左舷灯（紅灯）　　　　　135°

船首側

マスト灯（白灯）

船尾側

船尾灯（白灯）

左舷側

●で示したのは正横または
船尾から見えない灯火

1-9　形象物

　船舶は、昼間は、船舶の種類等に応じて次の形象物を表示しなければなりません。
形象物には次の5種類があり、色はすべて黒色です。

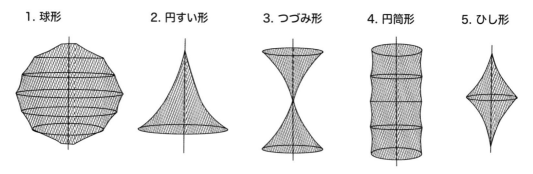

1. 球形　　　2. 円すい形　　　3. つづみ形　　　4. 円筒形　　　5. ひし形

※ 大きさは最大幅が60cm以上ですが、20m未満の船舶が掲げる形象物は、その船舶
　 の大きさに適したものとすることができます。

灯火および形象物

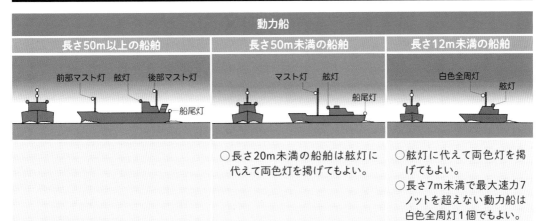

動力船		
長さ50m以上の船舶	長さ50m未満の船舶	長さ12m未満の船舶
前部マスト灯　舷灯　後部マスト灯　船尾灯	マスト灯　舷灯　船尾灯	白色全周灯　舷灯

○長さ20m未満の船舶は舷灯に代えて両色灯を掲げてもよい。

○舷灯に代えて両色灯を掲げてもよい。
○長さ7m未満で最大速力7ノットを超えない動力船は白色全周灯1個でもよい。

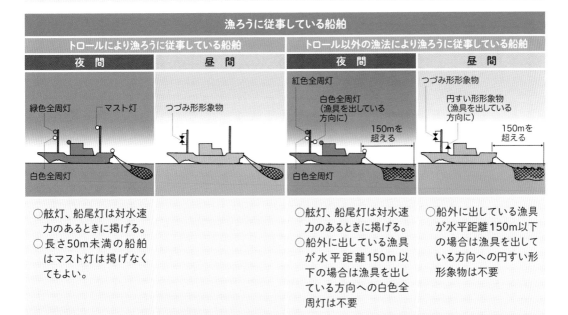

漁ろうに従事している船舶			
トロールにより漁ろうに従事している船舶		トロール以外の漁法により漁ろうに従事している船舶	
夜間	昼間	夜間	昼間
緑色全周灯　マスト灯　白色全周灯	つづみ形形象物	紅色全周灯　白色全周灯（漁具を出している方向に）　150mを超える　白色全周灯	つづみ形形象物　円すい形形象物（漁具を出している方向に）　150mを超える

○舷灯、船尾灯は対水速力のあるときに掲げる。
○長さ50m未満の船舶はマスト灯は掲げなくてもよい。

○舷灯、船尾灯は対水速力のあるときに掲げる。
○船外に出している漁具が水平距離150m以下の場合は漁具を出している方向への白色全周灯は不要

○船外に出している漁具が水平距離150m以下の場合は漁具を出している方向への円すい形形象物は不要

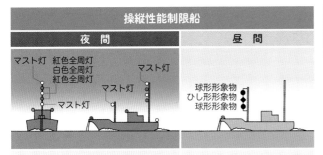

操縦性能制限船	
夜間	昼間
マスト灯　紅色全周灯　白色全周灯　紅色全周灯　マスト灯　マスト灯	球形形象物　ひし形形象物　球形形象物

○マスト灯、舷灯、船尾灯は対水速力のあるときに掲げる。
○長さ50m未満の船舶は後部のマスト灯は掲げなくてもよい。

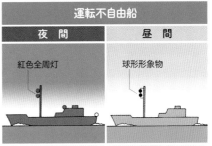

運転不自由船	
夜間	昼間
紅色全周灯	球形形象物

○舷灯、船尾灯は対水速力のあるときに掲げる。

○球形形象物と類似した形象物を掲げてもよい。

他の船舶（物件）を曳航している動力船

夜　間

曳航物件の後端までの距離が200mを超える場合	曳航物件の後端までの距離が200m以下の場合

マスト灯　マスト灯　引き船灯　舷灯　船尾灯　舷灯　船尾灯

200mを超える

○引き船灯は船尾灯と同じ構造
○長さ50m未満の船舶は後部のマスト灯は掲げなくてもよい。

マスト灯　マスト灯　引き船灯　舷灯　船尾灯

200m以下

○長さ50m未満の船舶は後部のマスト灯は掲げなくてもよい。

昼　間

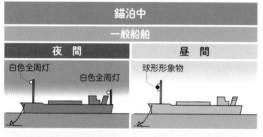

ひし形象物

200mを超える

○曳航物件の後端までの距離が200mを超える場合のみ

錨泊中

一般船舶

夜　間	昼　間

白色全周灯　白色全周灯

球形象物

○長さ50m未満の船舶は前・後部の白色全周灯に代えて白色全周灯1個を掲げてもよい。
○長さ100m以上の船舶は作業灯等により甲板を照明しなければならない。

乗り揚げている船舶

夜　間	昼　間

白色全周灯　白色全周灯　紅色全周灯

球形象物

○長さ50m未満の船舶は前・後部の白色全周灯に代えて白色全周灯1個を掲げてもよい。
○長さ12m未満の船舶はさらに紅色全周灯2個を省略してもよい。

○長さ12m未満の船舶は形象物を表示しなくてもよい。

帆船

長さ20m未満の帆船

夜　間

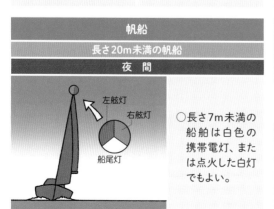

左舷灯　右舷灯　船尾灯

○長さ7m未満の船舶は白色の携帯電灯、または点火した白灯でもよい。

ろかい船および7m未満の帆船

夜　間

白色の携帯電灯または点火した白灯

○20m未満の帆船と同じ灯火を掲げてもよい。
○衝突のおそれのある場合に掲げる。

衝突のおそれのある船舶の灯火の見え方

緑の舷灯しか見えない船は、左から右へ移動しています。このように見える船が左前方にあるときは「衝突のおそれ」があります。あなたの船は保持船ですが、相手が避航するかどうかは注意深く見守りましょう。

夜間、船首方向で紅と緑の舷灯が両方とも見える船は、前方から自船のほうに向かって航行している「衝突のおそれのある船舶」です。相手の左舷側を通過するよう、針路を右に転じて避けましょう。

紅の舷灯しか見えない船は、右から左へ移動しています。このように見える船が右前方にあるときは「衝突のおそれ」があります。位置の関係で自船が避航船となるなら、早めに避航しなければなりません。

灯火と航法
動力船同士が横切り関係にあるとき、「紅」は注意、「緑」は進めです。他船の紅灯を見たときは避航し、緑灯を見たら保持船となり、そのまま進むのが原則です。

自船からこのような灯火が見える船舶は衝突のおそれがある

[1-10] 信号

　船舶は音響信号設備として「汽笛」および「号鐘」を備えなくてはなりません。

　ただし、20メートル未満の船舶は号鐘（長さ12メートル未満の船舶は汽笛および号鐘）を備えなくてもかまいませんが、これらを備えない場合は、有効な音響による信号を行うことのできる他の手段を講じておかなければなりません。

1. 汽笛

　海上衝突予防法において「汽笛」とは、短音、長音を発することができる装置をいいます。短音、長音は、次のように定められています。

① 短音：約1秒間継続する吹鳴をいいます。

② 長音：4秒以上6秒以下の時間継続する吹鳴をいいます。

2. 操船信号

　航行中の動力船は、互いに他の船の視野の内にある場合は、海上衝突予防法に基づいて針路を転じたり、機関を後進にかけているときは、それぞれ次の汽笛信号を行わなければなりません。
（※発光信号を併用することもできます）

(1) 針路を右に転じているとき短音1回
　　（※閃光1回）
(2) 針路を左に転じているとき短音2回
　　（※閃光2回）
(3) 機関を後進にかけているとき短音3回
　　（※閃光3回）

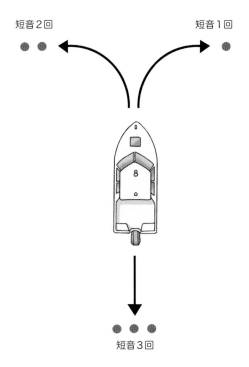

短音2回　　　　　　短音1回

短音3回

3. 狭い水道等での信号
(1) 追越し信号

　狭い水道等で他の船舶を追い越す場合に、他の船舶が進路をあけてくれなくては安全に追い越せないときは、次の汽笛信号を行って同意を得てから追い越さなくてはなりません。

	（長音）	（短音）
他の船舶の右舷側を追い越そうとする場合	━━　━━	●
他の船舶の左舷側を追い越そうとする場合	━━　━━	●　●
追越しに同意した場合	━━　●　━━	●

(2) 警告信号（疑問信号）

　船舶が互いに相手船が視認できる状況のなかで接近する場合に、相手船の意図や動作が理解できないとき、他の船舶が衝突を避けるために十分な動作をとっているかどうか疑いがあるときは、ただちに急速に短音を5回以上鳴らす警告信号を行わなければなりません。
（※発光信号を併用することもできます）

(3) 湾曲部信号

　障害物があるため他の船舶を見ることができない狭い水道等の湾曲部に接近する場合には、長音1回の汽笛信号を行わなければなりません。
　また、湾曲部の付近または障害物の背後においてその汽笛信号を聞いたときは、長音1回の汽笛信号を行うことにより、これに応答しなければなりません。

4. 視界制限状態における音響信号（霧中信号）

　船が視界制限状態にあるときは、他の船舶に自船の存在を知らせるため、次の音響信号（霧中信号）を行います。

　ただし、長さ20メートル未満の小型船舶は、「2分を超えない間隔の有効な音響信号」を行わなくてはなりません。有効な音響信号とは、汽笛、霧中信号器を使うほか、ドラム缶、バケツなどを連打することによって行う信号です。

(1) 航行中の動力船

　　① 対水速力を有する場合は、2分を超えない間隔で長音1回の汽笛信号

　　② 対水速力を有しない場合は、2分を超えない間隔で長音2回を鳴らす汽笛信号

(2) 航行中の船舶（帆船、漁ろうに従事している船舶、運転不自由船および操縦性能制限船）は、2分を超えない間隔で長音1回に引き続く短音2回の汽笛信号

(3) 錨泊中の船舶（長さ100メートル未満）は、1分を超えない間隔で急速に約5秒の号鐘

(4) 乗り揚げている船舶（長さ100メートル未満）は、1分を超えない間隔で急速に約5秒の号鐘、その直前および直後に号鐘をそれぞれ3回明確に点打

(5) 号鐘の備付義務のない長さ20メートル未満の船舶は、2分を超えない間隔で有効な音響による信号

(6) 汽笛および号鐘の備付義務のない長さ12メートル未満の船舶は、2分を超えない間隔で有効な音響による信号

視界制限状態における音響信号（霧中信号）

船舶の種類	状態	信号	間隔
動力船	対水速力がある場合	―	
	対水速力がない場合	― ―	
帆船	航行中		
漁ろうに従事している船舶	航行または錨泊中		
運転不自由船	航行中	― ・ ・	2分を超えない間隔
操縦性能制限船	航行または錨泊中		
引きまたは押している動力船	航行中		
引かれている船舶	航行中	― ・ ・ ・	
長さ12m未満の船舶	航行または錨泊中	有効な音響信号	

注) 錨泊中の船舶は、衝突の可能性を警告する必要があるときは「・―・」の汽笛信号を行うことができる。
　　乗り揚げている船舶は、適切な汽笛信号を行うことができる。

5. 注意喚起信号

　船舶は、他の船舶に注意を喚起するために必要がある場合は、汽笛を鳴らし続けるなど、他の信号と誤認されることのない信号を行うことができます。

6. 遭難信号

　船舶が遭難して救助を求める場合は、遭難信号を行わなければなりません。

　救助の目的以外でこれらの信号を行ってはならず、また、これと誤認されるおそれのある信号を行ってはなりません。

　主な遭難信号は次のとおりです。

(1) 霧中信号器（汽笛など）による連続音響による信号

(2) 短時間の間隔で発射され、赤色の星火を発するロケット等（火せん）による信号

(3) 国際信号書に定めるN旗およびC旗を掲げることによって示される遭難信号

(4) 落下傘付きの赤色炎火ロケット（落下傘付き信号）または赤色の手持ち炎火（信号紅炎）による信号

(5) オレンジ色の煙を発することによる信号（発煙浮信号）

(6) 左右に伸ばした腕を繰り返しゆっくり上下させることによる信号

(7) 船舶の甲板上で容器に入れた油を燃やし煙を出す信号

(8) 無線電話による「メーデー」という語の信号

(9) 非常用の位置指示無線標識（イパーブ）による信号

N旗

C旗

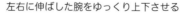

左右に伸ばした腕をゆっくり上下させる

イパーブ

携帯電話
（防水パック等に入れる）

※ 携帯電話の通話ができる海域では、携帯電話で「118番」
　（海上保安庁）に連絡することも有効な手段です。

[1-11] 切迫した危険のある特殊な状況

　海上衝突予防法のルールを遵守していれば、多くの場合は衝突を予防できますが、実際の海上では、種類、大きさ、性能などが異なるさまざまな船舶が、さまざまな運航をしているため、衝突を予防できない場合もあります。

　このため、海上衝突予防法には「補則」として次の規定を設けて、切迫した危険を避けるための「臨機の処置」を認めています。

第38条　船舶は、この法律の規定を履行するに当たって、運航上の危険及び他の船舶との衝突の危険に十分に注意し、かつ、切迫した危険のある特殊な状況（船舶の性能に基づくものを含む）に十分注意しなければならない。

　　　2　船舶は、前項の切迫した危険のある特殊な状況にある場合においては、切迫した危険を避けるためにこの法律の規定によらないことができる。

---

1. 運航上の危険への注意

　運航上の危険とは、船舶を運航する際に船員の常務*として、他の船舶との衝突を避けるために考慮しなければならないすべての危険をいいます。

（具体例）
① 視界制限状態において、霧中信号を吹鳴していても、逆風などの場合には他の船舶に十分に聞こえないおそれがあること。
② 船舶が錨泊しようとするとき、風や潮流の影響により他の錨泊船と衝突の危険に陥らないように、船尾を回って錨地に向かう。

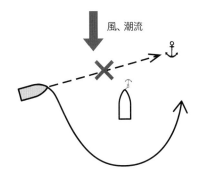

風、潮流

　なお、この考慮すべき事項には、自船の最短停止距離や旋回径の大きさなど船舶固有の運動性能や操縦性能等から、避航動作をとる場合に時間的、距離的に限界があることも考慮に入れておかなければなりません。

　<u>**船員の常務**</u>*とは、海事関係者の常識、通常の船員であれば当然知っているはずの知識、経験、慣行をいいます。
　また、慣行とは、海事関係者の長い伝統の中で確立された良き慣行（グッドシーマンシップ）をいいます。

2.「切迫した危険がある特殊な状況」とは

「切迫した危険がある特殊な状況」とは、単に衝突の危険があるという場合ではなく、他船や障害物との衝突が目前に迫った状況のことです。

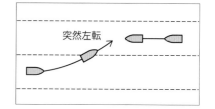

（具体例）
① 自船が狭い水道の右側を航行中に、反航してくる船舶が突然左転して、衝突の危険が切迫する状況。
② レーダーを備えていない船舶が霧の中を航行中に、霧中信号を行わずに航行している他の船舶が突然目前に現れ、衝突の危険が切迫する状況。

3. 切迫した危険を避けるための手段

切迫した危険を避けるための手段は、そのときの状況に応じた最善の手段でなければなりません。具体的には、船舶が互いに行き足を止め、停止することが、衝突を避ける有効な手段とされています。仮に、操舵のみでは時機を失してしまうおそれがあります。

1-12 注意等を怠ることについての責任

海上衝突予防法の規定は、適切な航法で運航し、灯火もしくは形象物を表示し、信号を行うこと。または船員の常務として特殊な状況にも必要とされる注意を払うことを定めていますが、その注意を怠ることによって生じた結果については、船舶、船舶所有者、船長または海員の責任が問われることになります。

特に船長等の関係者は、その事故を引き起こしたことについて刑事上、民事上の責任を問われるほか、免許の取消等の行政処分を受けることになります。

1-13 他の法令による航法等についてのこの法律の規定の適用

海上衝突予防法は、一般海域での交通ルールとして定められており、第2章の「港内での交通ルール（港則法）」や「特定（輻輳）海域での交通の方法（海上交通安全法）」は海上衝突予防法の特別法にあたります。

すなわち、港則法や海上交通安全法の特別法は、海上衝突予防法に優先して適用されますが、特別法でまかないきれないものについては、一般法の海上衝突予防法が適用されます。

【参考文献】 四・五・六級 海事法規読本 2訂版（成山堂書店）

第2章

港内での交通ルール（港則法）

　港則法は、港内における船舶交通の安全と港内の整頓を図るために定められている法律です。

　港則法が適用される水域では、海上衝突予防法のルールより優先されますが、港則法に規定されていない事項については海上衝突予防法のルールに従わなければなりません。

　港則法が適用される水域は、防波堤の内側だけでなく、原則として、海図などに記載されている港の境界（港域：ハーバーリミット）より内側です。防波堤の外側の水域まで含まれていることに注意しましょう。

海図に記載された港域

[2-1] 港内の一般的な航法

1. 防波堤入口付近の航法

　汽船が港の防波堤の入口または入口付近で他の汽船と出会うおそれのあるときは、入航する汽船は防波堤の外で、出航する汽船の進路を避けなければなりません。「出船優先」と覚えましょう。

出船優先

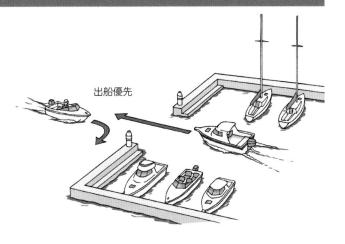

2. 航路の航法

　喫水の深い大型船が出入りできる港または外国船が常時出入りする港（特定港）には航路が定められています。

　汽艇等（※）以外の船舶は、特定港に出入りしたり特定港を通過するときには、定められた航路を航行しなければなりません。

　航路における航法は次のとおりです。

（1）航路外から航路内へ入り、または航路内から航路外へ出ようとしている船舶は、航路を航行する他の船舶の進路を避けなくてはなりません。

（2）航路内では並列して航行してはいけません。

（3）航路内で他の船舶と行き会う場合は右側を航行しなくてはなりません。

（4）航路内では他の船舶を追い越してはいけません。

（5）航路内では、海難を避けようとするとき、人命救助に従事するときなどを除いて、投錨してはいけません。

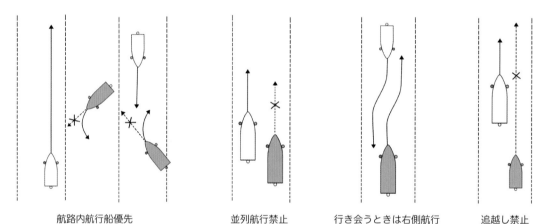

| 航路内航行船優先 | 並列航行禁止 | 行き会うときは右側航行 | 追越し禁止 |

※　「汽艇等」とは、汽艇（総トン数が20トン未満の汽船）、はしけ、端舟のほか櫓や櫂で走る船も含まれます。プレジャーボートや小型の漁船でも、船の長さに関係なく総トン数が20トン以上であれば汽艇等には含まれません。

「汽艇等」には、はしけ（左）や櫂で走る船（右）なども含まれる

3. 港内の航法
（1）港内における速力
　港内および港の境界付近では、船舶は他の船舶に危険を及ぼさない速力で航行しなければなりません。引き波によって付近の停泊船や係留物、港内作業等に悪影響を及ぼさないようにするとともに、いつでもすぐに止まれるように十分減速しておかなければなりません。

　帆船は、港内では帆を減じるか、引船を用いて航行しなければなりません。

（2）防波堤等の突端付近における航法
　港内では防波堤、ふとう、その他の工作物の突端または停泊中の船舶を右舷に見て航行するときはできるだけこれに近寄り、左舷に見て航行するときはできるだけこれから遠ざかって航行しなくてはなりません。「右小回り、左大回り」と覚えましょう。

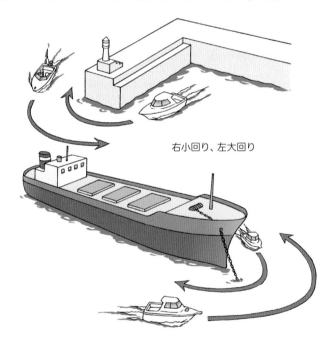

右小回り、左大回り

2-2 港内での義務

1. 汽艇等の航法
（1）汽艇等は、港内では汽艇等以外の船舶の進路を避けなければなりません。
　　特に、大型船の通航を妨げてはいけません。
（2）汽艇等やいかだは、みだりに係船浮標や他の船舶に係留してはいけません。また、他の船舶の通航の妨げとなるおそれのある場所に停泊、停留してはいけません。

2．水路の保全

　港内または港の境界外1万メートル以内の水面において、みだりにバラスト、廃油、石炭がら、ゴミその他これに類する廃物を捨ててはいけません。

3．灯火

　航行中の長さ7メートル未満の帆船および櫓櫂（ろかい）を用いて航行する船は、港内においては、日没から日出までの間は、白色の携帯電灯または点火した白灯を周囲から最も見えやすい場所に常時表示しなければなりません。

4．漁ろうの制限

　船舶の交通の妨げとなるおそれのある港内の場所では、みだりに漁ろうをしてはいけません。

5．灯火、汽笛・サイレンの制限

　船舶交通の妨げとなる強力な灯火をみだりに使用してはいけません。

　また、港内においては、みだりに汽笛またはサイレンを吹き鳴らしてはいけません。

6．喫煙等の制限

　港内では、油送船などの付近でむやみに喫煙したり火気を取り扱ってはいけません。大事故につながる場合もあるので注意しましょう。

7．工事や行事の許可

　港内において工事や作業を行う場合、または特定港内においてヨットレースなどの行事を行う場合には、あらかじめ港長の許可を受けなければなりません。

港内では係留、停泊や火気の取扱いが制限される

第3章

特定（輻輳(ふくそう)）海域での交通の方法（海上交通安全法）

　海上交通安全法は、船舶が輻輳する海域における船舶交通について、特別の交通方法を定めるとともに、その危険を防止するための規制を行うことにより、船舶交通の安全を図ることを目的とした法律です。

　海上交通安全法に規定されている事項は、その適用海域では海上衝突予防法に優先して適用され、規定されていない事項については海上衝突予防法が適用されます。

3-1 海上交通安全法

1. 適用海域と航路

　海上交通安全法が適用される海域は、東京湾、伊勢湾、瀬戸内海です。

　ただし、この海域内でも、港則法で規定されている区域や海上交通安全法の目的に沿わない区域は除外されています。

（1）東京湾
　① 浦賀水道(うらがすいどう)航路
　② 中ノ瀬(なかのせ)航路

（2）伊勢湾
　伊良湖水道(いらごすいどう)航路

2

交通の方法

小型船舶の船長の心得および遵守事項

運航（湖川小出力）

(3) 瀬戸内海
①明石海峡航路 ②備讃瀬戸東航路 ③宇高東航路 ④宇高西航路
⑤備讃瀬戸北航路 ⑥備讃瀬戸南航路 ⑦水島航路 ⑧来島海峡航路

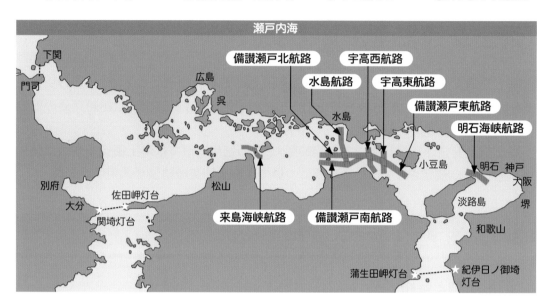

瀬戸内海

2. 航路における航法
(1) 避航

海上交通安全法により定められた航路では、次の船舶は、航路を航行している他の船舶と衝突のおそれがあるときは、その船舶の進路を避けなければなりません。

① 航路外から航路内へ入ろうとしている船舶
② 航路内から航路外へ出ようとしている船舶
③ 航路を横断しようとしている船舶
④ 航路に沿わないで航路を航行している船舶

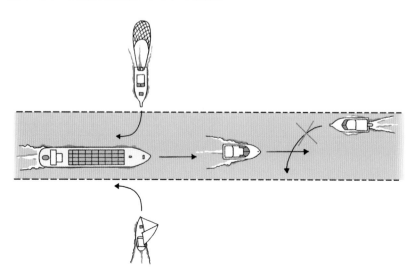

(2) 航路航行義務

　長さ50メートル以上の船舶は、海難を避けるため、あるいは人命や他の船舶を救助するためなど、やむを得ない場合を除き、航路を航行しなければなりません。

　プレジャーボートを含む長さ50メートル未満の船舶は航路航行の義務はないので、安全上問題がなければ航路の外側を航行して大型船の航行を妨げないようにしましょう。

　なお、航路内を航行するときは、航路に沿って定められた方向に航行しなければなりません。

(3) 航路内での速力の制限、追越しの禁止

　浦賀水道航路、中ノ瀬航路、伊良湖水道航路、水島航路の全区間と、備讃瀬戸東航路、備讃瀬戸北航路、備讃瀬戸南航路の定められた区間では、人命救助等やむを得ない場合を除き、12ノットを超える速力で航行してはいけません。

　また、来島海峡航路では、一部の区間で追越しが禁止されています。

(4) 錨泊の禁止

　人命救助等やむを得ない場合を除き、航路で錨泊してはいけません。

(5) 航路の横断方法

　航路を横断する場合は、左右をよく確認し、航路に対してできるだけ直角に近い角度で、すみやかに横断しなくてはなりません。

　ただし、航路に沿って航行している船舶がその航路と交差する他の航路を横断するときは、この規定は適用されません。

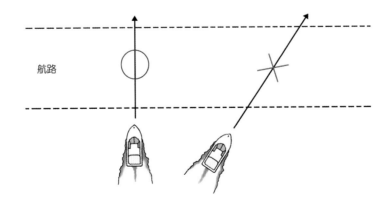

航路

(6) 航路への出入り、横断の制限

　航路のうち備讃瀬戸東航路の一部区間では航路の横断が、来島海峡航路の一部区間では航路への出入り、横断が禁止されています。

　ただし、人命救助等やむを得ない場合は、この限りではありません。

3. 適用海域における船舶の灯火と標識

海上交通安全法が適用される海域では、次に示す船舶は、海上衝突予防法に定める灯火や形象物のほかに、それぞれ定められた灯火や標識を掲げなければなりません。

(1) 巨大船（長さ200メートル以上の船舶）

灯火……緑色で毎分180回以上200回以下の閃光を発する全周灯1個

標識……黒色円筒形形象物2個を垂直に掲げる

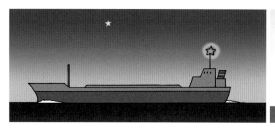
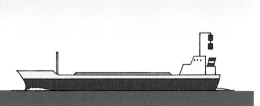

(2) 危険物積載船

灯火……紅色で毎分120回以上140回以下の閃光を発する全周灯1個

標識……第1代表旗、B旗を垂直に連掲

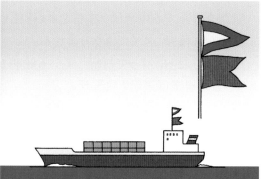

(3) 工事・作業船

灯火……緑色の全周灯2個を垂直に連掲

標識……白色のひし形の下に紅色の球形形象物2個を垂直に連掲

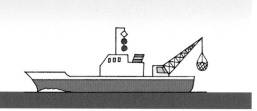

（4）巨大船の進路警戒船

灯火……緑色で毎分120回以上140回以下の閃光を発する全周灯1個

標識……紅白の吹き流し1個

 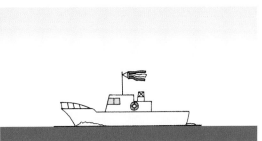

（5）緊急用務船

海難救助、消防、船舶の交通規制、障害物の除去、犯罪捜査などの緊急の用務を行う船舶

灯火……紅色で毎分180回以上200回以下の閃光を発する全周灯1個

標識……紅色円すい形形象物1個を頂点を上にして表示

第4章

湖川、特定水域での交通の方法（河川法等）

　河川や湖沼や運河などの内水面では、一般海域における船舶に関する交通ルールは適用されず、国（国土交通省）や地方自治体が個別のルールを設けて船舶交通の安全を図っています。

　これらの交通ルールは、ほとんどの場合、一般海域における交通ルールに沿った航行をするように定められています。

　したがって、河川や湖沼を航行する場合には、そこに適用される交通ルールをよく調べ、ルール等がない場合には一般海域のルールに準じた航行を心がけることが必要です。

4-1 河川法等

1. 河川法

（1）通航の指針

　河川法に基づき、国が河川の通航方法の指針を示し、これに基づいて河川管理者（国土交通省や地方自治体）が航行のルールを指定しています。

【例】

① 動力船が橋脚間の短い橋の下で行き会う場合は、流れに逆らって河川を上る船舶（上航船）が、流れに乗って河川を下る船舶（下航船）の進路を避ける。

② 河川を横断しようとする動力船は、川の流れに沿って航行している動力船の進路を避ける。

③ 支派川（支流）と本川（本流）が交差するところでは、支派川を通航している動力船は、本川を流れに沿って通航している動力船の進路を避ける。

（2）河川通航標識

河川における円滑な通航を確保するため、標識が定められています。

標識が設置されているところでは、これに従って航行しなければなりません。

標識には、次のようなものがあります。

① 禁止の通航標識

1）動力船通航禁止　　2）船舶等通航禁止　　3）引き波禁止

4）追越し禁止　　　　5）行会い・追越し禁止　　6）回転禁止

7）水上オートバイ禁止　　8）進入禁止

② 制限の通航標識

1）水上オートバイ通航方法制限　　2）喫水制限　　3）船幅制限　　4）上空高制限

③ 指示の通航標識

1）一時停止　　2）汽笛　　3）進行方向　　4）右側通航

④ 情報提供の通航標識

1）回転可　　2）動力船通航可　　3）水上オートバイ通航可　　4）進入可

河川通航標識の例

動力船通航禁止	船舶等通航禁止	水上オートバイ禁止	引き波禁止	追越し禁止

行会い・追越し禁止	回転禁止	水上オートバイ通航方法制限	喫水制限	上空高制限

2. 水上安全条例

　内水面における水上交通の安全や遊泳者の保護等を目的とした水上安全条例が全国の地方自治体に制定されています。

　これらの条例は、各都道府県警察の管轄であり、違反者には懲役や罰金などの罰則規定があります。

　また、水上安全条例は、海上衝突予防法における航法だけではなく、港則法の航法やその水域の特性を考慮した航法など、総合的な交通ルールになっている場合が多く、法令による交通ルールに加えて、特定の漁業者や、海水浴者の安全を確保することを目的としている条例もあります。

3. 河川管理条例

　河川法の適用されない普通河川において、県や市区町村が条例を制定し、船舶の航行を制限する場合があります。

　法律や地方条例とは別に、特定の水域を利用する人々が、自主的にルールを作っているケースもあります。

　たとえばある水域では、スポーツクラブなどで構成する民間団体が、その水域におけるトラブルや事故の発生を防ぐために、水上オートバイ・モーターボートの徐行エリアや漁具・漁網等に対する注意、マナーなどについて共通のルールを作り、そこを利用する人に対しこのルールの遵守を呼びかけています。

　プレジャーボートに乗る際は、このような地域ごとの自主的なルールも守りましょう。

第3編

運航(湖川小出力)

第1章

操縦一般

1-1 操縦の基本

　湖川小出力限定免許で操縦できる船舶は、総トン数5トン未満で機関出力15キロワット未満の船舶ですが、船舶を操縦する基本は、大型船舶でも小型船舶でも同じです。

　次の基本を身につけましょう。

1. 安全の確認

　船舶の運航は、安全が第一です。航行にあたり次の点を確認します。

（1）船舶を発進させる際は、必ずプロペラや船尾周りの安全を確認します。

（2）特に、落水者や遊泳者がいるときは、決してプロペラを回してはいけません。

（3）船の周辺、特にプロペラ周りにビニール、ゴミなどの浮遊物がないことを確認します。

（4）前進、後進、変針、停止する際は、必ず前後左右の安全を確認します。

（5）航行中は周囲の状況を確認し、常に適切な見張りを行いましょう。

2. 舵、シフト、スロットルの操作

（1）舵

　船舶の進行方向を変えるためには舵を操作します（「操舵」といいます）。

　船外機の場合は、船外機本体のバーハンドルを操作する方法と、ハンドル（ステアリングホイール）により遠隔操作する方法があります。

　いずれの場合も、プロペラの向きを変えることによって推進方向が変わります。

舵の操作

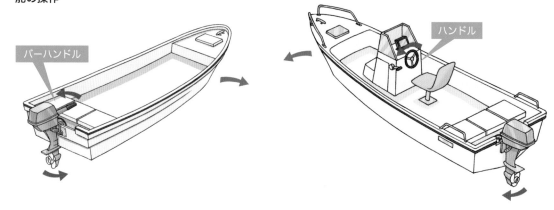

バーハンドル　　ハンドル

① バーハンドル型

　船尾に着席し、船外機本体のバーハンドルを操作します。

　ハンドルを左に切ると船の進む方向は右に変わり、右に切ると左に変わり、ハンドルを切った方向と反対の方向に船首が向きます。

② ハンドル型

　ハンドルに連結したケーブルまたはロープ（ワイヤー）が船外機に取り付けられていて、ハンドルを回した方向に船首が向きます。

(2) シフト操作、スロットル操作

　シフト操作とは、プロペラの回転方向を前進側、中立、後進側に切り換える操作です。

　クラッチを中立から前進や後進につなぐことにより、エンジンの回転がプロペラに伝わり、船の前進、後進が切り替わります。

　スロットル操作は、エンジンの回転を上げたり下げたりする操作で、船のスピードをコントロールします。

① 直接方式

　船外機をバーハンドルにより操作する方式です。船外機の横に取り付けられたシフトレバーを直接操作することにより、前進用、後進用のクラッチがつながります。

　スロットル操作は、バーハンドルの先端部分に取り付けられたスロットルグリップを手で回すことにより行います。

　この直接方式では、舵とスロットルを片手で操作することになります。

船外機の各部の名称

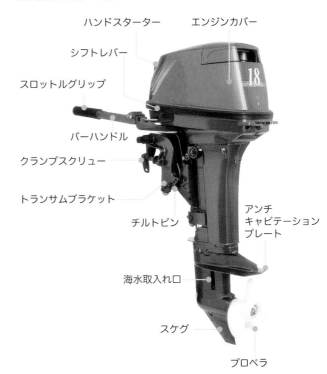

- ハンドスターター
- エンジンカバー
- シフトレバー
- スロットルグリップ
- バーハンドル
- クランプスクリュー
- トランサムブラケット
- チルトピン
- アンチキャビテーションプレート
- 海水取入れ口
- スケグ
- プロペラ

② リモートコントロール方式

クラッチの切替え、スロットルの操作をリモコンレバーで行う方式です。

シフトとスロットルが一体型の場合は、レバーを中立位置から前方へ倒して前進用のクラッチをつなぎ、さらに前方へ倒していくとスロットルとして作動します。

後進の場合は、レバーを中立の位置から後方へ倒して後進用のクラッチにつなぎ、さらに後方へ倒していくとスロットルとして作動します。

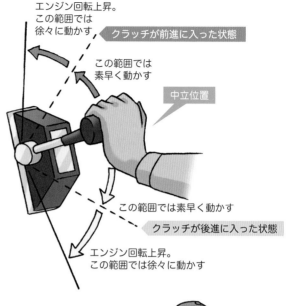

エンジン回転上昇。この範囲では徐々に動かす

クラッチが前進に入った状態

この範囲では素早く動かす

中立位置

この範囲では素早く動かす

クラッチが後進に入った状態

エンジン回転上昇。この範囲では徐々に動かす

ブレーキのない船では、すばやくエンジンを減速したり、中立へ切替えができるように、一方の手でハンドルを握り、もう一方の手でリモートコントロールレバーを持つようにします。

基本的には片手はハンドル、片手はリモートコントロールレバー

3. 操舵およびエンジン操作の注意事項

（1）舵を操作するときは、船体が傾斜するので必要以上に大きく切らないようにします。急激な操舵は傾斜が大きくなるので避けましょう。

（2）エンジンの回転の上げ下げは故障の原因になるので、急な増速や急な減速にならないよう滑らかに行います。

滑走型のボート

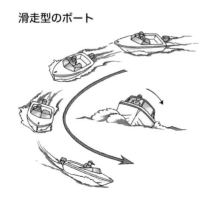

排水型のボート

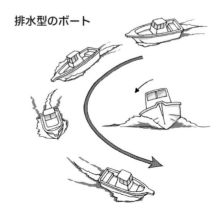

[1-2] 出入港、係留、錨泊

1. 出入港の準備と注意事項

出入港するときには、次の準備と注意が必要です。

(1) 原則として夜間の出入港は避けるようにしましょう。

(2) 潮流など外力の影響が少ない時間帯を選ぶようにしましょう。

(3) あらかじめ港内や水路の状況を調べておきましょう。

(4) 港やマリーナに係留・停泊する場合は、到着時間など必要な連絡をしましょう。

(5) 港内や出入り口付近では、引き波を抑えるように徐行が原則です。他の船に影響をおよぼさない安全な速度で航行しましょう。

ただし、低速で航行している場合には風や流れの影響を受けやすいことにも注意が必要です。

2. 着岸操船の基本

着岸の操船は、スピードと舵の調節が重要になります。落ち着いて、次の要領で操作しましょう。

(1) 着岸態勢に入る前に係船ロープやフェンダー（防舷材）、ボートフックなどを準備します。

(2) 風や水流などの外力の影響を観察して、着岸する舷を決めます。

(3) 着岸地点に低速で接近します。

必要に応じて前進、中立、後進を使い、速力を調整します。

(4) 基本的には着岸点に向かって30度程度の角度で接近しますが、風や流れなどの影響で振られることもあるので、舵を使い適宜修正します。

(5) 最後に船体と着岸地点が平行になるように舵を切り、惰力（行き足）を止めるために、微速後進をかけます。

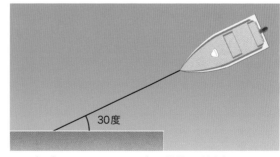

ロープ、ボートフック、フェンダーを準備し、着岸点に対して30度程度の角度で静かに近づく

3. 離岸操船の基本

　まわりの状況や外力の影響を見て、前進で離岸するか、後進で離岸するかを判断し、次の要領で離岸します。

(1) 船体周辺およびプロペラ付近の安全を確認し、ボートフックなどで桟橋からできるだけ船体を突き離します。

(2) 前進で離岸する場合は船尾が、後進で離岸する場合は船首が桟橋に近づくので、桟橋に接触させないように注意して操船します。

(3) ロープやフェンダーは、プロペラに巻き込んだり操縦の邪魔にならないように、すみやかに船内に取り込み、整理します。

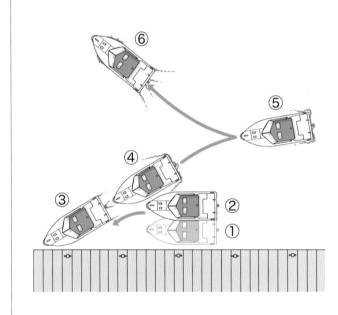

【例】プロペラが1軸右回りの船の後進離岸

　1軸右回りプロペラの船が、左舷で着岸している状態から後進で離岸する場合には、プロペラを後進に回転させることにより横圧力が発生し、船尾が左側に振れて桟橋との接触によりプロペラを損傷する危険があります。

　このような離岸の場合には、桟橋からできるだけ船体を突き離した後に、いったん桟橋側に舵を切って前進をかけ、船首を桟橋側に振って船尾を離してから、後進をかけて離岸します。

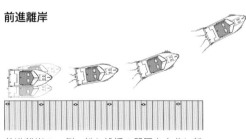

前進離岸

前進離岸の一例。船と桟橋の間隔を十分に離す。船尾が桟橋に接近し、衝突のおそれがある場合は、いったん舵（ハンドル）を戻す

後進離岸

後進離岸の一例。必要に応じて舵（ハンドル）を戻し、少しずつ桟橋と船の間隔を広げて離岸する。船首が桟橋に接近し、衝突のおそれがある場合は、いったん舵（ハンドル）を戻す

4. 係留の方法

　船体を桟橋などに係留するときは、風や川の流れに注意して、桟橋から船体が離れないように、風上または水流の上流側の係留ロープを先に結びます。

(1) 船体が、桟橋や岸壁に直接当たらないようにフェンダーを準備します。

(2) 係留ロープは、もやい結び、巻き結びなど、係船施設（ビット、クリートなど）に合った方法で結びます。

(3) 係留ロープの長さは、船体と桟橋が平行になるように調整します。

　水位の変化に応じて上下する浮き桟橋への係留の場合は、船体も同様に上下しますが、岸壁や固定桟橋に係留する場合は、潮の干満を考慮して係留ロープの長さを調整する必要があります。

　また、岸壁の角などのようにロープが擦れるところには布などを巻いておくとロープを保護することができます。

(4) 係留ロープは、船首ロープ、船尾ロープだけではなく、他の係留船との位置関係や気象・海象状況などを考慮し、必要に応じてスプリング（船首から船尾方向に、船尾から船首方向に取る係留ロープ）を取ることも必要です。

(5) 他の船舶が先に係留しているビットなどを利用する場合は、先船のロープのアイの下方から通して掛けるなど、他の船舶の解らんに迷惑にならないようにします。

横付け係留

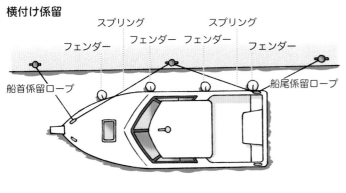

スプリング　　スプリング

フェンダー　フェンダー　フェンダー　フェンダー

船首係留ロープ　　　　　　　　　　　　　　船尾係留ロープ

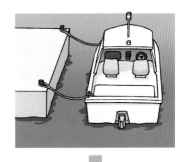

縦付け係留

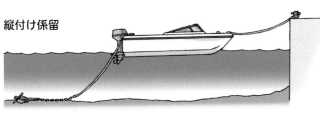

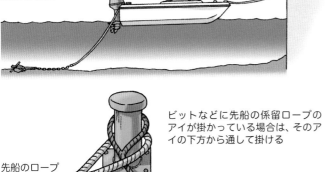

ビットなどに先船の係留ロープのアイが掛かっている場合は、そのアイの下方から通して掛ける

先船のロープ

自船のロープ

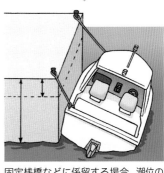

固定桟橋などに係留する場合、潮位の変化を考慮して係留ロープの長さを調節しないと、干潮時に船が宙吊りになってしまう

5. 解らんの方法

　解らんとは、岸壁や桟橋の係留施設から係留ロープを離すことをいい、次の要領で行います。

（1）風や水の流れによって船体が岸壁や桟橋から離されないように、風下や下流側の係留ロープから解らんします。風や水の流れの影響がない場合は、船首、船尾の順でもかまいません。

（2）解らんしたロープは、プロペラへの巻込みや操縦の邪魔にならないように、すみやかに船内に取り込みます。

（3）解らん後は、岸壁や桟橋から船体を押し出し、十分に離します。

（4）安全な場所まで移動したら、フェンダーやロープを船内に収納します。

6. 錨泊（アンカリング）

　錨泊とは、錨（アンカー）を使用して船舶を停泊させることをいいます。

　入江や湾内で釣りをしたり、機関故障などで船が動かなくなったときに漂流を防ぐ場合などにも行います。

(1) 錨地の選定

　錨地は、次のことに注意して選定します。錨泊中は、周囲の状況の見張りが必要です。

① 航路や港内など法的に錨泊が禁止されているところはもちろん、船舶の航行の妨げになる場所、漁船の操業水域、遊泳区域などでは錨泊してはいけません。

② 風や波の影響が少なく、周囲に浅瀬や障害物がない場所を選びましょう。

③ 水深は、アンカーロープの長さを考慮して、あまり深いところは避けましょう。

④ 底質が錨の効きやすい、泥、砂等である場所を選びます。岩や珊瑚等の場合は錨の効きがよくないので避けるようにしましょう。

（2）錨（アンカー）の種類

アンカーは、砂、泥、岩場など、海底の底質によって、適したアンカーが違うので、底質に合ったものを選ぶことが大切です。

① ダンフォース型アンカー

小型船舶で最も多く使用されている錨の一つで、砂、泥質などの底質に適しています。荒い岩礁帯や複雑な岩場には少し不向きです。

② ブルース型アンカー

ダンフォース型よりも把駐力（アンカーが引っ張られたときに、もちこたえられる力）が高く、砂、砂利、泥などの底質では、艇が揺れても、自身で埋まり直してくれるのも特徴です。

ただし、砂鉄混じりのような堅い底質や柔らかすぎる泥では、走錨してしまうので注意が必要です。

③ CQR型アンカー

ブルース型と同様に把駐力が高く、ダンフォース型同様に世界中で使用されています。どのような状態で落ちても海底に入り込むようになっています。

しかし、潮の流れや風向きが変わると抜けやすい特徴があります。

④ フォールディングアンカー

海底に引っ掛けるというより、錨の重さで留めておくタイプです。ダンフォースのようにがっちりとは掛からないものの、底質を選ぶことなく使用できるアンカーです。

ただし、風が強いときは走錨しやすいので注意が必要です。

⑤ 日本型アンカー（唐人錨）

砂、泥地から岩礁地帯まで多様な底質に効果があり、適切に掛かれば把駐力は強力です。比較的万能なアンカーです。

⑥ マッシュルームアンカー

船体などを傷つけにくく、小型、軽量なのでゴムボートや水上オートバイ等に適しています。底質が柔らかいところに適していますが、長く置くと深く潜ってしまう欠点があります。

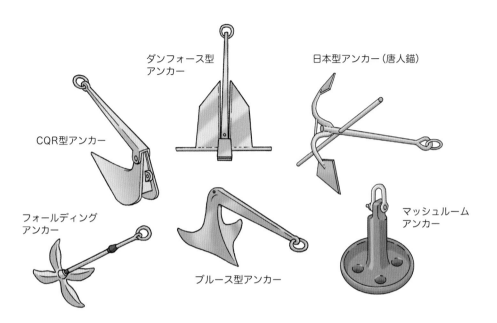

ダンフォース型
アンカー

日本型アンカー（唐人錨）

CQR型アンカー

フォールディング
アンカー

マッシュルーム
アンカー

ブルース型アンカー

チェーンの活用

　アンカーとロープの間にチェーン（5メートル以上が適当）を入れると、次のような効果があり、アンカーの効きが良くなります。

① 把駐力が増す。
② アンカーのかき込み性能（アンカーのつめが海底の砂や泥にうまく潜り込む）が向上する。
③ 過度なアンカーの潜り込みを防止する。
④ アンカーロープの擦切れを防止する。

アンカーとロープの間にチェーンを入れる

(3) 錨泊の方法（単錨泊）

　錨泊は次の手順で行います。

① アンカーロープの端部を船体につなぎ、投錨（とうびょう）したときにロープが絡まないようにさばいておきます。

② 錨泊地点には、船首方向から風や潮流などを受けるように微速で接近し、投錨地点直前で機関を後進に切り替え、行き足を止めます。

　船体は錨（アンカー）を支点に振れ回るので、錨泊地の選定には、振れ回り円内に他船などの障害物がないことに注意する必要があります。

③ 行き足がなくなったところで、アンカーを静かに投下し、アンカーロープを送り出します。

④ アンカーが着底したらクラッチを中立から再度後進に入れて、微速でバックします。

⑤ ロープを水深の1.5倍程度まで繰り出して船首のビット等に軽く止めます。

　クラッチを中立にし、後進惰力でアンカーを効かせます。

⑥ アンカーが効いていることを確認したら、水深の3倍程度までロープを繰り出し、確実に結び止めます。なお、強風や高波のときは5倍以上にします。

　アンカーがよく効いている場合、アンカーロープはピンと張ったり緩んだりを繰り返します。

⑦ アンカーロープが船外に出るフェアリーダー部分などには、当て布などをしておけば、ロープの擦切れを防止できます。

⑧ 錨泊していることを示す黒球を掲げます。

錨泊時のアンカーロープの長さ

通常は水深の3倍

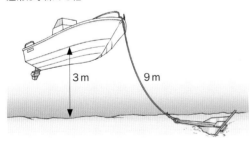

風波の強いときは水深の5〜10倍

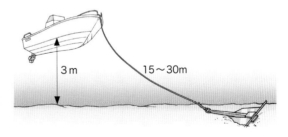

錨泊（アンカリング）の手順

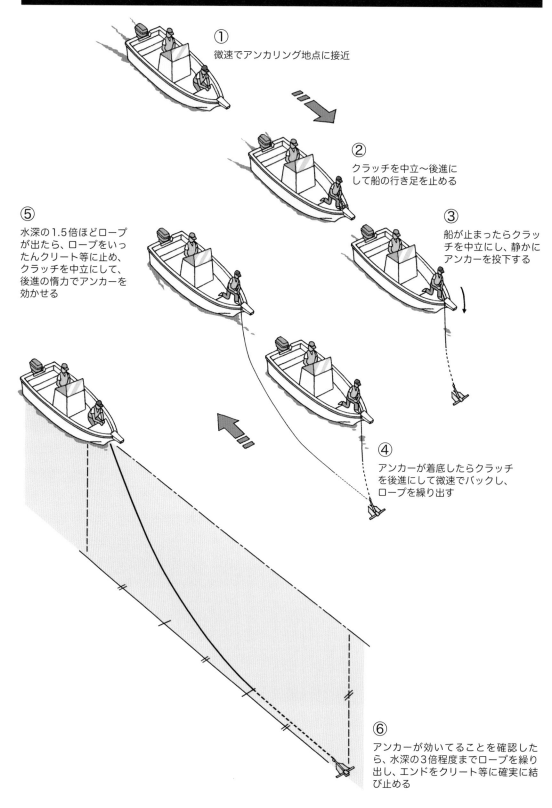

① 微速でアンカリング地点に接近

② クラッチを中立〜後進にして船の行き足を止める

③ 船が止まったらクラッチを中立にし、静かにアンカーを投下する

④ アンカーが着底したらクラッチを後進にして微速でバックし、ロープを繰り出す

⑤ 水深の1.5倍ほどロープが出たら、ロープをいったんクリート等に止め、クラッチを中立にして、後進の惰力でアンカーを効かせる

⑥ アンカーが効いてることを確認したら、水深の3倍程度までロープを繰り出し、エンドをクリート等に確実に結び止める

（4）走錨

走錨とは、風波などの影響により錨が効かなくなり、船体が錨を引きずりながら流されることをいいます。

いったん走錨が始まると止まらないので、走錨していることが分かったら、ただちに錨を引き揚げて打ち直すか、風波が強い場合には、安全なところに移動して錨泊するようにします。

走錨時は、船体の揺れもあるので、錨を引き揚げるときは安全姿勢を確保することが大切です。

走錨は次の状況により判断できます。

① 周囲の物標と船の位置関係から船位が風下に移動している。
② 船体の振れ回り運動がなく風を一定方向から受けている。
③ アンカーロープが張ったまま緩まない。

（5）揚錨

揚錨とは、投下した錨を引き揚げることをいいます。

揚錨作業は、次の要領で行います。

① 安全かつスムーズに作業できるように、不要な用具は片付け、十分な作業スペースを確保します。また、緊急時にロープを切断できるように、ナイフや工具を準備しておきます。
② 揚錨作業中に船体が流される可能性があることを考慮して、流される方向に他の船舶などがいないことを確認して作業を開始し、揚錨中も周囲の安全確認を怠らないようにします。
③ アンカーの方向にゆっくりと前進しながら、アンカーロープを取り込んでいきます。
必要に応じてクラッチを中立にし、船首がアンカーの真上にくるように位置を調整します。このとき、アンカーロープがプロペラに絡まないように注意が必要です。
④ 真上の位置からアンカーを引いても海底から抜けない場合は、船首側の係船具にアンカーロープを結んで前進または後進して、風上側に少し引っ張ってみるのも効果的です。
⑤ 船体が風で流されたり、波を受けて大きく揺れると、アンカーロープが強く引っ張られることがあるので、コイルしたアンカーロープの中に手や足を入れないように、また、引かれた勢いや船の動揺で落水しないように注意しましょう。
⑥ アンカーが海底から離れると、アンカーロープの引きが軽くなり、船体は風に流され始めます。
船首を風波に立てることができなくなり、横波や追い波を受けやすい態勢になるので、風波の影響が強い場合は特に注意が必要です。
⑦ アンカーを水面付近まで揚げたら、上下に動かして泥などの付着物を落としてから船内に収容します。
⑧ ウインチを使用してアンカーロープを巻き上げる場合は、高速回転のままで水面上に巻き上げると、アンカーがデッキ上に跳ね上がることがあるので、ウインチの回転数に注意しましょう。

1-3 ロープの取扱い

ロープを結んだり、つないだりするロープ作業を結索（ロープワーク）といいます。
ロープは常に安全荷重（切断荷重の1/6）を考慮して使用します。
取扱い、注意事項は次のとおりです。

1. ロープの取扱い

（1）ロープの使用前には、傷やねじれ（キンク）がないか調べます。

（2）ロープを切断した端部はほつれないように処理をしておきます。合成繊維のロープは、切断面を焼き固めることで端止めできるものもあります。

（3）船体や桟橋等で擦れる部分には、擦れ当てとして古布などを当てて保護します。

（4）ロープの使用後は、清水で洗い、汚れや塩分を落として乾燥させて保管します。

（5）長いロープはコイル（輪状にしてきれいにまとめておくこと）しておきます。一般に使われている三つよりロープは左より（Zより）なので、時計回りにコイルします。

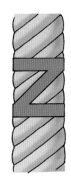

Zより

2. 結索の方法と用途

ロープの端に輪や結び目を作る方法をノット、ロープを物に結びつける方法をヒッチ、ロープをつなぐ方法をベンドといいます。

基本となる結索法を覚えておきましょう。

（1）もやい結び（ボーラインノット）

ロープで輪を作る結び方で、船舶で使用される代表的な結索法です。結びの王様（キングオブノット）とも呼ばれ、いくら力がかかっても輪の大きさは変わらず、解くときは簡単に解くことができます。

（2）まき結び（クラブヒッチ）

一時的にロープを止めるときなどに使用します。結びがゆるい場合には、結んだ位置が変わったり、強い力が加わった場合、締まって解けなくなることがあります。

（3）錨結び（フィッシャーマンズベンド）

アンカーにロープを取り付けるときなどに使用します。丈夫で強い力が加わっても簡単に解くことができます。

(4) 一重つなぎ（シングルシートベンド）

　ロープの端と端をつなぐときに用います。強い力がかかっても簡単に解くことができます。太さの違うロープや湿ったロープを結び合わせるときに用います。

　一重つなぎでは解けるおそれのある場合は二重つなぎにします。

(5) クリート止め

　クリートにロープを止める結び方です。

(6) 本結び（リーフノット／スクエアノット）

　ロープの端と端をつなぐときに用います。ロープの太さが異なるときや滑りやすいロープの場合は解けてしまうことがある反面、強い力がかかると解けなくなります。

**もやい結び
（ボーラインノット）**
係留ロープを桟橋上の鋼製リングに係止するときなどに使用します。

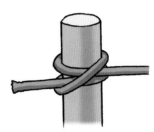

**まき結び
（クラブヒッチ）**
係留ロープを桟橋上のビットに係止するときなどに使用します。

錨結び（フィッシャーマンズベンド）
アンカーにロープを取り付けるときなどに使用します。

一重つなぎ（シングルシートベンド）
ロープの端と端をつなぐときに用い、太さの異なるロープをつなぐときにも有効です。

クリート止め
クリートにロープを止める結び方です。

本結び（リーフノット）
ロープの端と端をつなぐときに用います。

1-4 河川、狭視界、荒天時における操縦

1. 河川での操縦

河口付近では巻き波や三角波という危険な波が立ちやすく、また、河川には条例等により通航ルールが定められている場合もあります。

通航には次のことに注意しましょう。

(1) 河口は、川の流れと海の波がぶつかり三角波が立つことがあるので、できるだけ波の立つ時間帯を避けて航行するようにしましょう。

やむを得ず航行する場合は沖合で波の周期を観察し、低い波のときに通過するようにしましょう。

(2) 潮の干満差の大きいところでは、干潮時は水深が浅くなるので、あらかじめ潮汐を確認しておきましょう。

(3) 潮汐のため、時間により河川の流れの速さが変わります。また、上流へ向かい逆流する場合もあるので注意が必要です。

(4) 河川の湾曲部は、内側が浅い場合が多く、また、川幅が急に広くなっているところは、中央部が浅くなっている場合があります。

(5) 河川では、地形だけでなく上流の大雨やダムの放水などによっても水深や流量が変わるので、事前の情報収集や水面の波を見て判断することが大切です。

(6) 大雨の後は、ゴミなどが大量に流れてくることがあるので注意が必要です。

(7) 川の流れに乗って航行する場合は針路変更が難しくなることにも注意しましょう。

湾曲部の内側は浅い

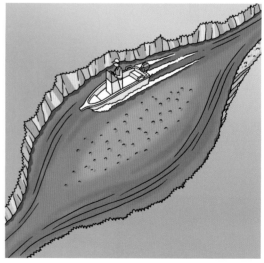

川幅が急に広くなっている場合は中央部が浅い

2. 狭視界での操縦

　霧や雨などで視界が悪い場合は、他船との衝突や浅瀬への乗揚げなど海難事故に遭遇する危険が高くなります。視界不良が見込まれる場合は出航を見合わせるべきですが、万一、出航後に視界が悪化したら、次の手段を講じて危険回避に努めましょう。

（1）視界が利く範囲内で危険回避できる速力に減速します。

（2）周囲の状況や船位が分からなくなったときは、むやみに走らず、錨泊・停留して視界の回復を待つようにしましょう。

3. 荒天での操縦

　荒天が予想されるときは、出航してはいけません。航行中、万一荒天になった場合や荒天が予想される場合は、次の点に留意し、ただちに引き返すようにしましょう。

（1）荒天に遭遇した場合は、風波の方向をよく見て操船し、横波を受けないよう船首または船首斜め前方向から波を受けるように操縦します。

（2）速力は、船体が跳ねないよう波に合わせ調整します。

（3）バッテリーや燃料タンクなど、重量物が移動しないようにしっかりと固縛します。

（4）スカッパーなど排水口を点検し、つまりのないことを確認します。

荒天での操縦（風浪に対して斜めに航行）

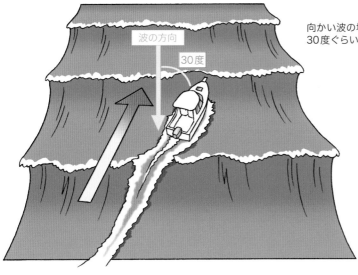

向かい波の場合は、波の方向に対して30度ぐらいの角度で走るとよい

波の方向

30度

　正面から波を受けると船首が持ち上げられて着水時の衝撃が強いので、斜め前方から波が来る状態になるように操舵するとショックが和らげられます。基本的には波の方向に対して30度ぐらいの角度で走るとよいでしょう。

第2章

航法の基礎知識

2-1　航法の基礎および海図、浮標式

1. 沿岸を航行する場合の注意

　湖川小出力の船舶は、エンジンの出力が小さく、風や波などの外力の影響を受けやすいので、次の点に注意して航行するようにしましょう。

(1) 船首方向の目標を定めて航行する

　船首方向の目標を定めて、進路を保ちながら航行するようにします。

　このときの目標はできるだけ遠方のものがよく、また、前方にある2つの物標が一直線に重なって見える線（重視線（トランシット））を利用すると、さらに進路を保ちやすくなります。

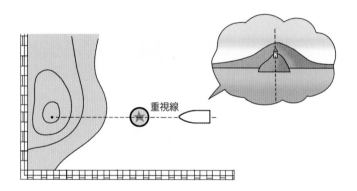

(2) 航行水域の事前調査

　岸の近くは暗岩、洗岩、干出岩、漁網などの障害物が最も多い水域なので、事前に水域調査や目標物の設定などを十分に行う必要があります。

(3) 船位の確認

　航行中は、事前に調査した危険水域や障害物に近寄っていないかなど、自船の位置を絶えず確認するようにします。

2. 海図

海図は、航海に用いる海の地図で、沿岸の形状、顕著な目標物、水深、底質、障害物など安全に航行するために必要な情報が記載されています。

海図に記載されている記号や符号等を総称して海図図式といいます。

主なものを覚えておきましょう。

海図図式

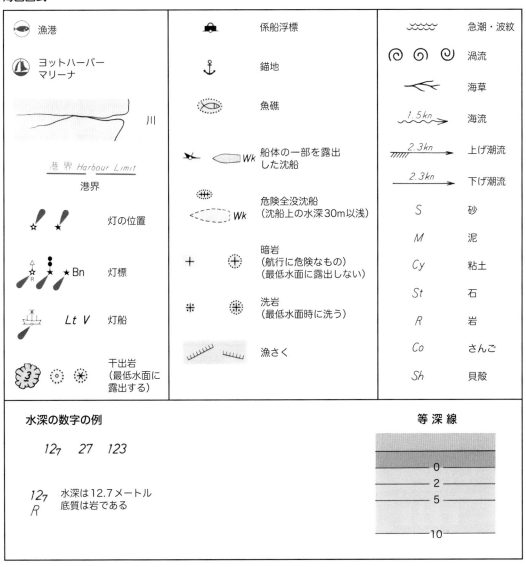

漁港	係船浮標	急潮・波紋
ヨットハーバー マリーナ	錨地	渦流
川	魚礁	海草
港界 Harbour Limit 港界	船体の一部を露出した沈船 Wk	1.5kn 海流
灯の位置	危険全没沈船（沈船上の水深30m以浅）Wk	2.3kn 上げ潮流
Bn 灯標	暗岩（航行に危険なもの）（最低水面に露出しない）	2.3kn 下げ潮流
Lt V 灯船	洗岩（最低水面時に洗う）	S 砂
干出岩（最低水面に露出する）	漁さく	M 泥
		Cy 粘土
		St 石
		R 岩
		Co さんご
		Sh 貝殻

水深の数字の例

12$_7$　27　123

12$_7$　水深は12.7メートル
R　　底質は岩である

等深線

0
2
5
10

3. 水深、高さの基準

海面の高さは潮汐（潮の干満）によって上下します。海図に示されている「高さ」や「深さ」などは、次の基準に基づいています。

（1）水深

海図の水深は、これ以上、下がることがないと考えられる水面（最低水面）からの深さをメートルで表しています。したがって、実際の水深は海図上の表示よりも深くなります。

（2）海岸線

海岸線は、これ以上、上がることがないと考えられる水面（最高水面）における海と陸との境界を示しています。したがって、実際の海岸線は、海図上の境界よりも海寄りになります。

（3）物標の高さ

山や島あるいは灯台の高さは、平均水面（潮汐の干満がないと仮定した水面）からの高さで示されています。また、橋の高さは最高水面からの高さ、干出岩は最低水面からの高さで示されています。

水深、高さの基準面

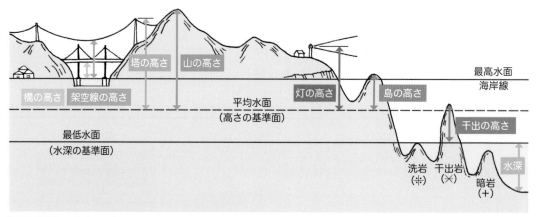

航行上の障害物	干出岩：最低水面で水面上に露出する岩
	暗　岩：最低水面になっても水面上に露出しない岩
	洗　岩：最低水面になると水面とほとんど同じ高さになる岩

110

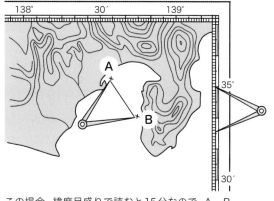

4. 距離と速力の測定

(1) 距離の測定

　海図上での距離は「海里（マイル）」で表します。

　距離の測定には、海図上の2点間の距離をディバイダーでとり、その地点の真横の緯度尺の目盛りを読みます。

　緯度1分が1マイルで、1,852メートルです。

この場合、緯度目盛りで読むと15分なので、A－B間の距離は15海里ということがわかる

(2) 速力の測定

　船の速力は「ノット（kt）」で表します。

　1ノットは、1時間に1マイル進む速力をいいます。

　また、速力には、対地速力（大地に対する速さ）と対水速力（水面に対する速さ）があります。船舶の航行中に風や流れの影響を受けると、この二つの速力は一致しません。

　1ノットを時速（km/h）に換算すると2倍弱になります。

> **1ノット ＝ 1.852km/h ≒ 2km/h（時速約2km）**

5. 小型船舶用参考図書

　一般船舶用の海図や水路図誌とは別に、小型船舶用に作成した参考図や港湾案内を（一財）日本水路協会が発行しています。

(1) ヨット・モータボート用参考図（Yチャート）

　B3サイズで持ち運びやすく、小型船舶が航行する上で必要となる諸情報（モーターボートの推奨航路、漁網の設置場所など）が記載されています。

　裏面には、表面と同じ図が単色で表示され、必要事項を書き込むことができます。

(2) プレジャーボート・小型船用港湾案内（Sガイド画像）

　港則法、港湾法、漁港漁場整備法の対象となる港や主なマリーナ等が掲載されており、必要に応じて、目標物、危険物、注意事項、補給、修理、特別な海象などが記載されています。

6. 浮標式の種類と利用

　海上に設置された航路標識を浮標式といいます。

　昼間は「塗色」や「頭標（トップマーク）」により、夜間は灯火の色や光り方により、航路の左右端を示したり、危険な障害物（暗礁等）の存在や、安全な水域であることを示しています。灯光を発するものを灯浮標といいます。

　また、標識の右側（左側）とは、水源に向かって右側（左側）をいい、水源は港や湾の奥部、河川の上流をいいます。

灯浮標（右舷標識）

灯浮標（安全水域標識）

灯浮標（南方位標識）

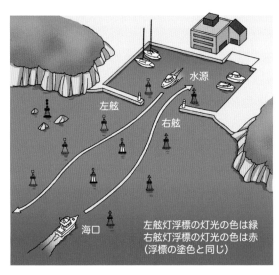
左舷灯浮標の灯光の色は緑
右舷灯浮標の灯光の色は赤
（浮標の塗色と同じ）

浮標式の用語の意味

海　　口：港口や湾口をいう

水　　源：河川については上流、港や湾については、その奥のほうをいう
　　　　　また、瀬戸内海は阪神港を水源としている

左舷（左）：河川あるいは海口から水源に向かって左側をいう

右舷（右）：河川あるいは海口から水源に向かって右側をいう

【浮標等による通航】

赤を右に見て港に帰る。
「Red、Right、Return」
と覚えます。

主な浮標式（灯浮標）

種別	図解	海図図式	塗色	頭標	灯色	定義
左舷標識			緑		緑	1) 標識の位置が航路の左端であること。 2) 標識の右側に可航水域があること。 3) 標識の左側に、岩礁、浅瀬、沈船等の障害物があること。
右舷標識			赤		赤	1) 標識の位置が航路の右端であること。 2) 標識の左側に可航水域があること。 3) 標識の右側に、岩礁、浅瀬、沈船等の障害物があること。
孤立障害標識			黒地に赤横帯		白	標識の位置またはその付近に、岩礁、浅瀬、沈船等の障害物が孤立してあること。
安全水域標識			赤白縦縞		白	1) 標識の周囲に可航水域があること。 2) 標識の位置が航路の中央であること。
特殊標識			黄		黄	1) 標識の位置が工事区域等の特別な区域の境界であること。 2) 標識の位置またはその付近に海洋観測施設があること。
北方位標識			上部黒下部黄		白	1) 標識の北側に可航水域があること。 2) 標識の南側に、岩礁、浅瀬、沈船等の障害物があること。 3) 標識の北側に航路の出入口、屈曲点、分岐点または合流点があること。
東方位標識			黒地に黄横帯		白	1) 標識の東側に可航水域があること。 2) 標識の西側に、岩礁、浅瀬、沈船等の障害物があること。 3) 標識の東側に航路の出入口、屈曲点、分岐点または合流点があること。
南方位標識			上部黄下部黒		白	1) 標識の南側に可航水域があること。 2) 標識の北側に、岩礁、浅瀬、沈船等の障害物があること。 3) 標識の南側に航路の出入口、屈曲点、分岐点または合流点があること。
西方位標識			黄地に黒横帯		白	1) 標識の西側に可航水域があること。 2) 標識の東側に、岩礁、浅瀬、沈船等の障害物があること。 3) 標識の西側に航路の出入口、屈曲点、分岐点または合流点があること。

第3章

点検・保守

[3-1] 発航前の点検

　航行中の事故を防ぐために、発航前には必ず船体、エンジン、装備品などを点検しなければなりません。発航前の点検はチェックリストを作成し、それに基づいて行うと洩れのない確実な点検を行うことができます。

1. 船体の点検

（1）船体の損傷の有無、浸水の有無

　船体の内部や外側に、破損や傷んでいる個所がないか、浸水個所がないか、水抜き栓がしっかりしまっているか入念に調べます。

　船底に水（ビルジ）がたまっていたら必ず排出するようにしましょう。

（2）設備の点検

　バーハンドル、ステアリングホイール、スロットルレバー、シフトレバーなど航行に直接関わる設備の作動状態を点検します。

（3）船体設備、属具

　フェンダー、クリート、スカッパー、船灯など船体設備や属具の状態や作動状態を確認します。

（4）荷物、船体安定

　荷物の積み付け状態、船体の安定を点検します。

船体各部の名称

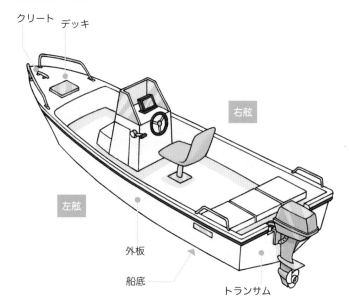

クリート　デッキ
右舷
左舷
外板
船底
トランサム

2. 法定備品の点検

　船舶は、その種類、大きさ、航行区域によって、船舶安全法で定められた備品を備え付けておかなければなりません。

　小型船舶の法定備品の主なものは次のとおりです。

(1) 係船設備

① 係船索（ロープ）：2本
② アンカー（錨）：1個（湖川のみを航行区域とするものは不要）
③ アンカーチェーンまたは索（ロープ）：1本（湖川のみを航行区域とするものは不要）

(2) 救命設備

① 小型船舶用救命胴衣：定員と同数
　　・航行区域が平水区域のものは、救命クッションでもよい
　　・最大搭載人員を収納しうる救命いかだまたは救命浮器がある場合は不要
② 小型船舶用救命浮環または小型船舶用救命浮輪：1個
③ 小型船舶用信号紅炎：1セット（2個入り）
　　川のみを航行区域とするものまたは携帯電話（航行区域が電話のサービスエリア内）
　　など有効な無線設備を備えるものは不要

(3) 消防設備

　消火器：1個（船外機船で赤バケツがある場合はなくてもよい）

(4) 排水設備

　バケツ：1個
　　・船外機船および湖川・港内のみを航行するものは、消防用と兼用が可能
　　・ビルジポンプを備えているものは不要

（5）航海用具

① 汽笛および号鐘：各1個（全長12メートル未満の船舶は不要）

② 音響信号器具：1個（汽笛を備え付けているものは不要。笛でもよい）

③ 船灯（航行区域が湖川に限定されているものは、白色灯1個でよい）

④ 黒色球形形象物（全長12メートル未満は不要）

（6）一般備品

① ドライバー：1組　　② レンチ：1組

③ プライヤー：1個　　④ プラグレンチ：1個

【船灯】

　夜間や視界不良時の航行には、船舶は海上衝突予防法に定められた灯火を表示しなければなりません。海上衝突予防法が適用されない湖や河川でも、条例等で表示すべき灯火を定めているところがあります。これらの水域を航行するときは、あらかじめルールに定められた灯火を用意し、表示しなければなりません。

　長さ12メートル未満の動力船の灯火は次のようになります。

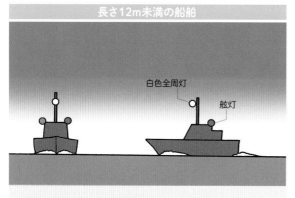

○舷灯に代えて両色灯を掲げてもよい。
○長さ7m未満で最大速力7ノットを超えない動力船は白色全周灯1個でよい。

法定備品

アンカー（錨）とアンカーロープ

係留ロープ（係船索）

黒色球形形象物

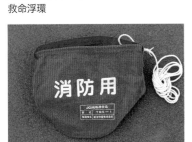

救命浮環

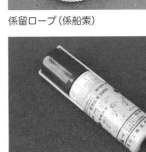

信号紅炎

救命胴衣（ライフジャケット）

バケツ

音響信号器具（笛）

船灯
（マスト灯、両色灯）

工具（プライヤー、レンチ、ドライバー）

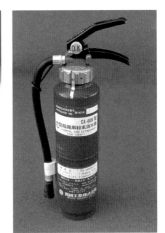

消火器

3. 機関の点検

　プレジャーボートに多い海難の原因のうち、機関故障では、燃料フィルターの目詰まり、海水ポンプのインペラの破損、ギヤオイルの量の不確認による焼付きなど、発航前に点検しておけば防げた事例が多くあります。

　発航前には必ず次の個所を点検しましょう。

（1）船外機の取付け状態、角度の点検

① 船外機を取り外している場合は、船外機をトランサムボードの所定位置にセットします。

② 船外機が取り付けられている場合は、トランサムボードに確実に取り付けられているか、取付け状況やずれがないか、取付け用のクランプスクリューにゆるみがないかを点検します。

③ チルトピンの位置（船外機の取付け角度）が適正か点検します。

④ リモートコントロール式の場合は、操縦席のステアリングホイールとリモコンレバーが滑らかに動くことを確認します。

　バーハンドルで操縦する場合は、スロットルグリップとクラッチレバーが滑らかに動くことを確認します。

（2）プロペラの状態

　チルトアップの状態で、プロペラに曲がりや破損がないか点検します。

（3）バッテリー

　出力15キロワット未満の船外機ではバッテリーを使用しない機種もありますが、バッテリーが装備されている場合には次の点に注意しましょう。

① バッテリーが十分に充電されていること。

② バッテリーの液量が適量であること。

③ ターミナルの取り付けに緩みがないこと。

④ バッテリー本体が確実に固定されていること。

（4）燃料およびオイル

① 燃料およびオイルが適量であることを確認します。

② 燃料タンクと燃料ホース、船外機と燃料ホースの接続状態を確認し、漏れがないことを確認します。

③ 燃料油とオイルの混合式2ストロークエンジンの場合は、規定の比率でガソリンとエンジンオイルが混合されていることを確認します。

4. エンジンの始動と停止
(1) 始動の方法

① 船外機を取り外している場合は、船外機を取り付け後に、燃料ホースを船外機のコネクターに連結し、燃料タンクの通気孔を開き、燃料ホースのプライマリーポンプを握り、ポンピングしてエンジンに燃料を送り込みます。

② エンジン本体に燃料タンクが取り付けられている機種は、燃料コックを開きます。

③ 冬場などエンジンが冷えているとき、チョーク装置があれば作動させます。

④ 必ず、シフトレバーが中立の位置にあることを確認します。

⑤ 落水事故に備えて、緊急エンジン停止スイッチが装備されているものは、緊急エンジン停止コードの一端を手首やライフジャケットに取り付け、ロックプレート（クリップ）をスイッチに差し込みます。

⑥ 電動始動式は、キースイッチでスターターモーターを作動しエンジンを始動します。
手動始動式（リコイルスターター方式）は、ハンドスターターを引いてエンジンを始動します。

⑦ 始動後は、アイドリングにより暖機を行います。クラッチを中立の状態で少し回転を上げ下げして、滑らかに増減するかを確認します。

⑧ 異常音や異常振動がないか、冷却水点検孔から冷却水（パイロットウォーター）が勢いよく出ていることを確認します。冷却水温度計が装備されている場合は示度に注意します。また、排気の色にも注意しましょう。

(2) 停止の方法

スロットルをアイドリング状態に戻し、シフトレバーが中立の位置にあることを確認して、エンジンストップボタンまたはキーをOFFにして停止します。

高速航行を続けた場合は、アイドリングにより、しばらく冷機運転を行ってから停止しましょう。

船外機の構造

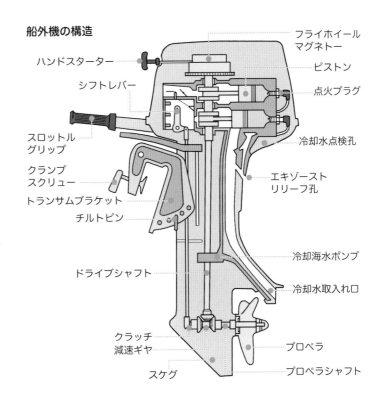

ハンドスターター／シフトレバー／スロットルグリップ／クランプスクリュー／トランサムブラケット／チルトピン／ドライブシャフト／クラッチ 減速ギヤ／スケグ／フライホイールマグネトー／ピストン／点火プラグ／冷却水点検孔／エキゾーストリリーフ孔／冷却海水ポンプ／冷却水取入れ口／プロペラ／プロペラシャフト

3-2 運転中の注意事項

航行中は、船外機が正常に作動しているかどうか、次の注意が必要です。

1. 音の監視、温度の監視、振動の監視
（1）航行中は、エンジン音に変化がないか、異音がしないか常時注意します。
（2）始動時と同様に、常に冷却水点検孔から水が勢いよく出ていることを確認します。冷却水温度計が装備されている場合は、示度に注意します。また、排気の色に注意しましょう。
（3）航行中は、エンジンや船体の振動を感じながら変化がないか絶えず注意します。

2. 異常を感じた場合の処置
異音、異常な振動、冷却水の異常などを感じたときは、エンジンの回転を徐々に下げて変化があるかを確認し、エンジンを中立にして原因を調べましょう。

水上では、再始動できなくなる場合があるため、原因が特定できないうちはなるべくエンジンを停止しないようにします。

3-3 定期点検項目

エンジンを正しく運転するためには、日常の点検が必要です。

故障などの事故防止やエンジンを調子よく使用するために、必ず定期的に行うようにしましょう。

1. 使用後の格納点検
（1）海水域で使用した場合は、エンジンの冷却水系統を真水で洗浄しておきます。
（2）船外機の外側を清水で洗浄した後、カバーを外し、布でエンジンの水分などを拭き取り防錆剤を塗布しておきましょう。
（3）燃料ホースをエンジンから取り外しておきます。携帯燃料タンクの場合は、タンクは陸上で保管しましょう。
（4）バッテリーを使用している場合は、バッテリーケーブルを取り外しておきます。
（5）エンジンには、水、特に海水はよくないので、取り外して陸上で保管するようにしましょう。
（6）船体に取り付けて水上保管する場合は、チルトアップし、カバーをかけておくようにしましょう。

2. 日常点検の点検項目

（1）プロペラ

翼部の欠け、変形がないか、プロペラナットは締まっているか、コッターピン（割りピン）が折れていないかなど点検します。

（2）燃料

燃料タンクにゴミ、水などが混入していないか、ホースに異常がないか点検します。

（3）アイドリング回転数が安定しているか点検します。

（4）バッテリー

バッテリーの液量は規定量を満たしているか、容量は十分か点検します。

（5）リモートコントロールレバー

レバーを操作して円滑に作動するか、増減速が円滑か確認します。

（6）ハンドルを左右にいっぱい切って、エンジン本体とワイヤーやホースが干渉しないか点検します。

（7）予備部品（プロペラ、プロペラナット、コッターピン、プラグ）および工具が揃っているか点検します。

スプライン方式

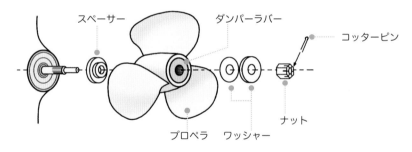

3. 定期点検の点検項目

定期点検は、メーカーが指定する時期や方法にしたがって実施する点検整備です。

点検項目や部品の交換は、各種エンジンごとに実施する項目が異なるので、取扱説明書や整備手帳などで確認しましょう。

定期点検は専門家に依頼しますが、自分でできる範囲は行うようにしましょう。

4. 定期交換部品

（1）点火プラグ

ある程度使用したものでも、適切に清掃し、隙間調整を行えば引き続き使用できますが、消耗品として交換するほうがエンジンを調子よく使用することができます。

（2）エンジンオイル、オイルフィルター

　消耗品として、メーカーが定めた期間ごとに定期的に交換することが、エンジンを調子よく長持ちさせることになります。（50 〜 100時間が目安）

（3）ギヤオイル

　ギヤやクラッチの保護のため定期的に交換しましょう。（100 〜 200時間が目安）

（4）アノード（防食亜鉛）

　防食亜鉛（アノード）は、損耗が1/3 〜 1/2程度で交換します。
　海上係留している船は、上架したときに必ず確認し、必要に応じて交換しましょう。

（5）燃料ホース

　弾性が劣化したり、ヒビ割れの傾向が見られたら交換するようにしましょう。

船外機の定期点検表

点検項目 ＼ 点検時期	使用前点検	1ヶ月／10時間	3ヶ月／50時間	6ヶ月	1年	使用後点検
スパークプラグの点検清掃	○	○	○	○	○	○
バッテリープラグの取付け・損傷	○	○	○	○	○	○
燃料フィルターの点検・清掃	○					
冷却水取入口のつまり・損傷	○	○	○	○	○	○
冷却水の排出状況	○	○	○	○	○	○
サーモスタットの作動					○	
冷却水路の洗浄						○
プロペラの損傷	○	○	○	○	○	
ギヤオイルの交換		○	○	○	○	
インペラの点検					○	
防食亜鉛の点検			○	○	○	○
各部ボルト・ナットの増締め					○	
燃料タンクの清掃	○		○	○	○	○
チルト機構の作動						○
各しゅう動部のグリスアップ	○		○	○	○	○
燃料・オイルの量	○					
外装部の洗浄・防錆処理						○

第4章

気象・海象の基礎知識

[4-1] 天気の基礎知識

1. 天気図の見方

天気図には、各地で観測した天気、気圧、気温、風向、風力や高気圧、低気圧、前線の位置および等圧線など、さまざまな情報が詰まっています。

天気図に記された記号の意味を覚えておきましょう。

新聞の天気図の例

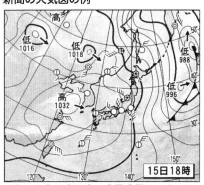

○快晴 ◍晴 ◎曇 ●雨◌雪◉霧 ⌐風向風力

(1) 天気記号

主な天気記号を次に示します。

(2) 風

①風向

天気記号に付いた矢の向きが風向を表します。

矢が上に伸びている場合は北、右なら東、下は南、左は西というように、風の吹いてくる方向を16方位に分けています。

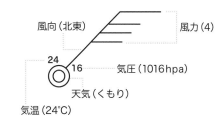

②風力

矢羽根の数が風力(気象庁風力階級)を表します。風力は0 ～ 12の13段階で表されています。

(3) 気温

天気記号の左上の数字で、摂氏の度数を表しています。

(4) 気圧

大気の圧力をいい、ヘクトパスカル (hPa) で表します。
標準大気圧 (1気圧) は1013hPaです。

(5) 等圧線

気圧が等しい点を結んだ線をいいます。

(6) 高気圧

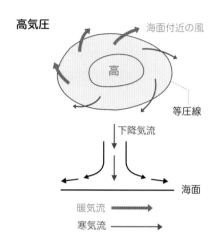

周囲よりも相対的に気圧が高いところを高圧部
といい、その中で閉じた等圧線で囲まれたところ
を高気圧といいます。

北半球では時計回りに等圧線と約30度の角度
で中心から外へ向かって風を吹き出しています。

高気圧の中心部では下降気流が発生し、一般
的に天気は良い状態になります。

(7) 低気圧

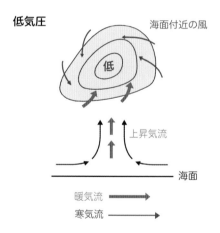

周囲よりも相対的に気圧が低いところを低圧部
といい、その中で閉じた等圧線で囲まれたところ
を低気圧といいます。

北半球では反時計回りに低気圧の中心に向
かって周囲から風が吹き込みます。

中心部では上昇気流が起こり雲が発生し一般
的に天気は悪く、雨や雪を降らせます。

(8) 前線

温度や湿度の異なる気団 (空気の塊) が出会った場合、2つの気団はすぐには混ざらな
いで境界ができます。境界が地表と接するところを前線といいます。

前線には温暖前線、寒冷前線、停滞前線、閉塞前線の4つがあります。

① 寒冷前線

　発達した積乱雲により突風や雷を伴い、短時間で断続的に強い雨が降ります。前線が接近してくると南から南東よりの風が吹き、通過後は風向きが急変して西から北西よりの風になり、気温が下がります。

② 温暖前線

　層状の厚い雲が段々と広がり、近づくと気温、湿度は次第に高くなり、時には雷雨を伴うときもあるが、弱い雨が絶え間なく降ります。通過後は北東の風が南よりに変わります。

③ 閉塞前線

　寒冷前線が温暖前線に追いついた前線で、閉塞が進むと次第に低気圧の勢力が弱くなります。

④ 停滞前線

　気団同士の勢力が変わらないため、ほぼ同じ位置に留まっている前線で、長雨をもたらす梅雨前線や秋雨前線がこれにあたります。

2. 風力と波高の判断

（1）風

① 風と気圧

　空気の水平方向の流れを風といい、風向と風速で表します。

　風は、気圧の高いところから低いところに向かって吹きます。

　気圧の差（気圧傾度）が大きい（等圧線の間隔が狭い）ほど風は強く、気圧の差が小さい（等圧線の間隔が広い）ほど風は弱くなります。

② 風向

　風向とは、風が吹いてくる方向です。

　たとえば、北の風といえば、北から南に向かって吹く風をいいます。

　風向は、北から時計回りに、北→北北東→北東→東北東→東のように360度を16等分して表わされます。

③ 風速

　風速は、空気が1秒間に移動する距離を「メートル/秒（m/sec）」、「ノット（kt）」で表します。

　ただし、風は必ずしも一定の強さで吹いているわけではないので、単に「風速」といえば、観測時の前10分間における平均風速のことをいいます。また、平均風速の最大値を最大風速、瞬間風速の最大値を最大瞬間風速といいます。

④ 突風_{とっぷう}

　低気圧が接近すると、寒冷前線付近の上昇気流によって積乱雲が発達し、強い雨や雷とともに突風が発生することがあります。

　日本付近では、天気は西から東に変わるため、西から寒冷前線を伴う低気圧が接近するときは、突風が発生する時間帯を予測することができます。。

⑤ 海陸風_{かいりくふう}

　気温差があると、気圧差が生じて風が吹きます。海陸風とは、海と陸の気温差によって生じる局地的な風で、日本では、日差しの強い夏の沿岸部で顕著に見られます。

　日中は、暖まりやすい陸上に向かって風が吹き、夜間は、冷めにくい海上に向かって風が吹きます。風が入れ替わるときには、ほぼ無風状態になり、「朝凪_{あさなぎ}」「夕凪_{ゆうなぎ}」と呼ばれています。

海陸風

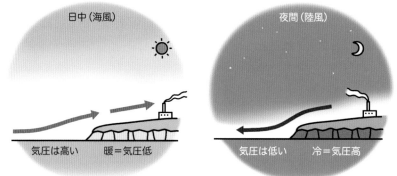

日中（海風）　　　　　　　　夜間（陸風）

気圧は高い　　暖＝気圧低　　　　気圧は低い　　冷＝気圧高

⑥ 風力

　風力は、気象庁風力階級（ビューフォート風力階級）により、風力0から風力12までの13階級で表わされています。

　船の大きさやモーターボート、ヨットなどの種別によって、船体への影響が違いますが、小型船舶では、風速が同じでも、風向や周りの地形により海上の状態が変わるので、風力はあくまでも目安として無理をしないことが肝心です。

気象庁風力階級表

風力階級	相当風速 m/sec	ノット	説明 陸上	海上	備考
0	0.0〜0.2	1未満	静穏、煙はまっすぐに昇る。	鏡のような海面	
1	0.0〜1.5	1〜3	風向は煙がなびくのでわかるが、風見には感じない。	うろこのようなさざ波ができるが、波頭に泡はない。	
2	1.6〜3.3	4〜6	顔に風を感じる。木の葉が動く。風見も動き出す。	小波の小さいもので、まだ短いがはっきりしてくる。波頭は滑らかに見え、砕けていない。	
3	3.4〜5.4	7〜10	木の葉や細かい小枝が絶えず動く。軽い旗が開く。	小波の大きいもので、波頭は砕け始める。泡はガラスのように見える。ところどころ白波が現れることがある。	
4	5.5〜7.9	11〜16	砂ぼこりが立ち, 紙片が舞い上がる。小枝が動く。	波の小さいもので、長くなる。白波がかなり多くなる。	
5	8.0〜10.7	17〜21	葉のある潅木が揺れ始める。池や沼の水面に波頭が立つ。	波の中ぐらいのもので、いっそうはっきりして長くなる。白波がたくさん現れる(しぶきを生ずることもある)。	
6	10.8〜13.8	22〜27	大枝が動く。電線が鳴る。傘は差しにくい。	波の大きいものができ始める。いたるところで白く泡だった波頭の範囲がいっそう広くなる(しぶきを生ずることが多い)。	
7	13.9〜17.1	28〜33	樹木全体が揺れる。風に向かっては歩きにくい。	波はますます大きくなり、波頭が砕けてできた白い泡は、筋を引いて風下に吹き流され始める。	海上風警報に相当
8	17.2〜20.7	34〜40	小枝が折れる。風に向かっては歩けない。	大波のやや小さいもので、長さが長くなる。波頭の端は砕けて水煙となり始める。泡は明瞭な筋を引いて風下に吹き流される。	海上強風警報に相当
9	20.8〜24.4	41〜47	屋根瓦が飛ぶ。人家に被害が出始める。	大波。泡が筋を引く。波頭が崩れて逆巻き始める。	海上強風警報に相当
10	24.5〜28.4	48〜55	内陸部ではまれ。根こそぎ倒される木が出始める。人家に大きな被害が起こる。	のしかかるような大波。白い泡が筋を引いて海面は白く見え、波は激しく崩れて視界が悪くなる。	海上暴風警報に相当
11	28.5〜32.6	56〜63	めったに起こらない。広い範囲の被害を伴う。	山のような大波。海面は白い泡ですっかり覆われる。波頭は風に吹き飛ばされて水煙となり、視界は悪くなる。	海上暴風警報に相当
12	32.7以上	64以上	被害がさらに甚大になる。	大気は泡としぶきに満たされ、海面は完全に白くなる。視界は非常に悪くなる。	海上暴風警報または海上台風警報に相当

（2）波

① 波の発生

波は、風が海面上を吹き渡ることによって発生します。

風が強いほど、吹く時間が長いほど、吹く距離が長いほど、大きな波が発生します。

② 波の要素

波高、波長など、波を表す意味は次のとおりです。

1）波高……波の山と谷の高低差

2）波長……波の山（谷）から次の山（谷）までの水平距離

3）波向……の来る方向で、風向と同様に16の方位で表わします。

③ 波の種類

1）風浪

その場所に吹く風によって作られた波で、波向は風向とほぼ一致します。

2）うねり

風浪が発生地点から遠くに伝わってきたもので、波長の長い波をいいます。

台風などによって起こされたうねりは、風がなくても急に高い波が現れることがあります。また、うねりの方向は風向と一致するとは限りません。

※風浪とうねりを合わせて「波浪」と呼びます。

3）磯波

波長の長い風浪やうねりが沿岸に近づき、水深が波長の1/2のところまでくると波形が変形しはじめ、頂上が鋭くなり、やがて安定を失って崩れる波で、小型船舶にとって非常に危険な波です。

4）三角波

進行方向の異なる複数の波がぶつかりあってできる波長の短い尖った不規則な波で、小型船舶にとって危険な波です。

5）土用波

夏の土用（立秋の前18日間）の頃、風のない日に、太平洋側の海岸に打ち寄せる大波をいいます。

正体は、南方海上に発生した台風によって起こされたうねりで、これが台風より先に日本沿岸に来襲するもので、風がなくても急に高い波が現れることがあるので注意が必要です。

⑥ 風力

　風力は、気象庁風力階級（ビューフォート風力階級）により、風力0から風力12までの13階級で表わされています。

　船の大きさやモーターボート、ヨットなどの種別によって、船体への影響が違いますが、小型船舶では、風速が同じでも、風向や周りの地形により海上の状態が変わるので、風力はあくまでも目安として無理をしないことが肝心です。

3. 観天望気

　観天望気とは、雲や空模様を見て天気を判断することをいいます。狭い範囲における数時間後や翌日の天気の予測に役立つことがあります。

（1）観点望気の例
　　○波状雲が出ると雨　　　　　　　○うろこ雲が出ると翌日・翌々日は雨
　　○朝焼けは雨、夕焼けは晴れ　　　○日暈、月暈が出ると翌日は雨
　　○星が激しく瞬くと風が強くなる　○早朝暖かいときは雨
　　○朝、西空の虹は天候悪化の前触れ

（2）突風の前兆
　　○西に積乱雲（入道雲）や稲光が見える　　○西の水平線が凹凸している
　　○急に気温が低下する　　　　　　　　　　○にわか雨が降ったり止んだりする

[4-2] 潮汐・潮流の基礎知識

1. 潮汐の干満
(1) 満潮と干潮

潮汐とは、月と太陽の引力作用によって海面が周期的に上下する現象です。

海面が最も高くなった状態を満潮(高潮)、最も低くなった状態を干潮(低潮)といい、満潮から干潮に向かい海面が下降する状態を下げ潮、干潮から満潮に向かい海面が上昇する状態を上げ潮といいます。

また、満潮時または干潮時に海面の昇降がほとんど止まる状態を停潮、高潮と低潮との海水面の高さの差を潮差といいます。

通常は、潮汐の干満は1日にそれぞれ2回あり、約6時間ごとに海面が上下します。(場所や時期によって1回のときもある。)

(2) 大潮と小潮

満月や新月の頃は大潮といって潮汐が最も大きくなり、上弦または下弦の月の半月の頃は、小潮といい潮汐が最も小さくなります。大潮と小潮の間の期間を中潮といいます。

潮汐表を用いれば全国の港の潮時や潮高を調べることができます。

また、代表的な港湾の満潮時や干潮時、潮高は、新聞の気象欄、海上保安庁のウェブサイトなどで調べることができます。

新月	上弦の月	満月	下弦の月

2. 潮流

潮汐に伴う海水の周期的な流れを潮流といいます。また、上げ潮に伴う流れを上げ潮流、下げ潮に伴う流れを下げ潮流といい、潮流の向きが変わるときに、ほとんど流れが停止している状態を憩流といいます。

潮流の流向は、風向の表し方とは反対に、流れていく方向で表します。

たとえば、南から北へ流れる潮流を「北流」といい、流速は「ノット」で表します。

全国の特に潮流の速い場所の流向や流速は、潮汐と同様、潮汐表や海上保安庁のウェブサイトで調べることができます。

第 5 章

事故対策

5-1 事故防止および事故発生時の処置、人命救助、救命設備の取扱い

1. 事故防止

海難事故を防止するために、次の対策が大切です。

(1) 気象・海象情報の収集、機関・船体の点検など出航前の準備を確実に行うこと。

(2) 航行中は常時適切な見張りを行い、常に自船の位置の確認を怠らないこと。

(3) 湖川小出力限定免許で乗れるのは軽量な船が多いため、人や荷物は前後左右バランスよく積むこと。重い荷物は動かないように固定し、乗船者は姿勢を低くし、むやみに動き回らないようにすること。

2. 衝突時の処置

船舶同士が衝突してしまったときは、あわてずに次の処置をとります。

(1) ただちにエンジンを停止し、乗船者に死傷がないか確認します。

(2) 船体に損傷や浸水がないか、沈没のおそれがないかを調べます。

(3) 負傷者がいたり、航行が不能な場合は、ただちに救助要請を行います。信号紅炎や携帯電話などあらゆる手段を使って要請し、救助を待ちます。

(4) 乗船者に死傷がなく、双方とも走行できる場合は、衝突時の時刻や衝突した位置、気象状況を確認し、お互いの住所、氏名、連絡先、船名などを確認します。

(5) お互いの船は、衝突の状況を確認してから引き離すことが大切です。
破口がある場合は、急に離すと破口から一気に浸水する場合があるので十分注意が必要です。

(6) どちらかの船に沈没の危険がある場合は、安全な船に乗り移ります。

(7) 双方の船が沈没の危険がある場合は、ライフジャケットの着用を再確認し、他の救命具を用意して、いつでも退船できるようにして救助を待ちます。

3. 乗揚げ時の処置

　暗礁などに乗り揚げてしまった場合には、いきなりの離礁操作は禁物です。損傷を拡大したり破口が大きければ沈没するおそれもあります。

（1）乗り揚げたら、まず、エンジンを止めて、乗船者に負傷者がないかを確認します。

（2）船体やプロペラに損傷がないか、浸水の有無を調べます。

（3）あわてて後進にかけることは禁物です。損傷を拡大することもあり、破口が大きいと沈没する危険があります。また、底質が泥や砂の場合、冷却水と一緒に吸い込んで故障の原因になります。

（4）損傷が軽微で、航行に支障がなければ離礁（乗り揚げた暗礁から離れること）します。船から降りることで船体が浮き、離礁できる場合や、ボートフックなどで水深があるほうへ押し出す方法があります。干潮時に乗り揚げたのであれば、満潮で船体が浮くのを待つ方法もあります。

（5）外傷はなくても損傷している場合があるので、帰港後は損傷がないか点検・確認するようにしましょう。

（6）自力で航行できない場合や離礁できない場合は、ただちに救助を要請しましょう。

離れたところにアンカーを投入して船を引き出す離礁の例

4. 転覆時の処置

(1) 同乗者の安否を確認します。特に船内に残された者がいないか確認します。
　復原できるようであれば復原を試みます。

(2) あらゆる手段を使って救助を要請します。

(3) 転覆しても船が浮いている場合
　は、船体につかまって救助を待ち
　ます。

(4) 沈没しそうな場合は、船体の沈没
　とともに引きずり込まれないよう、
　できるだけ離れるようにします。
　陸岸まで確実に泳げる状況以外
　は、泳がず体力を温存して救助
　を待ちます。

5. 転落者救助

(1) 船から転落した場合（落水者がするべきこと）

① 大声を出したり、ライフジャケットの笛を吹いたりして、自分が落ちたことを操縦者に知らせます。

② できるだけ泳がずに体力を温存して救助を待ちます。

③ 手動膨張式のライフジャケットを着用している場合や、自動膨張式でも作動しない場合は、手動レバーを引いてライフジャケットを膨らませます。

④ ライフジャケットを着用していない場合には、流木などにつかまる、衣服の中に空気をためる、ブーツを逆さまにして空気を入れるなど浮力の確保に努めます。

(2) 救助方法

① 同乗者の落水を目撃したら、即座に落水側に舵をきり落水者をプロペラから離すとともに、クラッチを中立にしてプロペラの回転を止めます。

② 落水者に救命浮環等の浮力のあるものを投下します。このとき、昼間であれば自己発煙信号、夜間の場合は自己点火灯など、落水者の位置を視認しやすくするものを連結して投下します。

③ 落水者を見失わないように見張りを増やします。

④ 落水者への接近は、風や波の方向、川の流れなど外力の影響を考えながら、可能なかぎり最短距離で素早く接近します。

⑤ ある程度接近したら、進路が維持できる最低の速度に落とします。

⑥ 落水者にぶつけないよう、救助作業時に行き足がなくなるように操縦します。また、収容時にはプロペラへの巻き込み事故を防ぐためエンジンを停止します。

⑦ 救助者を収容する際は、救助者の体力が弱っていることを考慮して行います。
　小型船舶は、片舷（げん）に加重がかかりすぎると転覆する危険があるので、落水者を船尾側に導き、後ろから収容するなど、バランスを取りながら救助することが必要です。
⑧ 救助作業は、そちらに気を取られて周囲の安全確認が疎（おろそ）かになるので、接近する場合も、救助するときも、安全確認を怠らないように注意します。
⑨ 他船に救助協力を求めるときは、火せん、信号紅炎（しんごうこうえん）など発煙浮信号による遭難信号を行います。

風上側からの救助

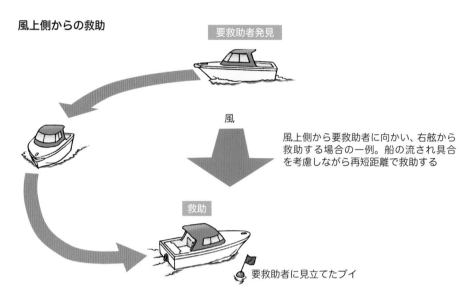

要救助者発見

風

救助

風上側から要救助者に向かい、右舷から救助する場合の一例。船の流され具合を考慮しながら再短距離で救助する

要救助者に見立てたブイ

風下側からの救助

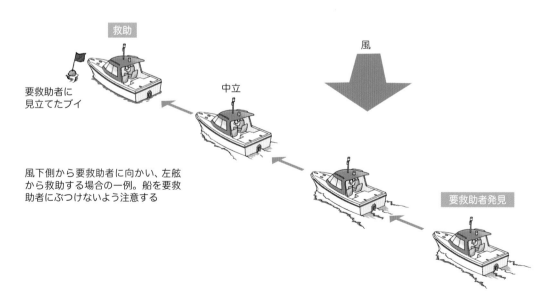

救助

要救助者に見立てたブイ

中立

風

要救助者発見

風下側から要救助者に向かい、左舷から救助する場合の一例。船を要救助者にぶつけないよう注意する

（3）救助後の処置

　転落者を救助したら、呼吸、意識を確認し、落ち着いて適切な処置を行います。

① 呼吸、意識の有無を確認します。

② 外傷の有無を確認します。

③ 意識がある場合は、毛布等があれば保温に努め、できるだけ濡れた衣服を脱がせて緩めます。

④ 意識がない場合は、気道を確保し、呼吸の有無、心拍の有無を胸の動きや呼吸音、吐息で確認します。

⑤ 呼吸や心拍が止まっている場合は、心臓マッサージ、人工呼吸などの救命処置を行います。

⑥ 適切な処置が行えない場合は、できるだけ早く陸に向かいます。

　携帯電話などでマリーナや医療機関に連絡を取り、上陸地点で医師や救急車に待機してもらうなどの手配も必要です。

6. 救命設備の種類と取扱い (117頁、法定備品参照)

（1）小型船舶用救命胴衣（ライフジャケット）

　ライフジャケットは、落水した際に体を浮かせて救助を待つための装備です。

　船上では常に落水の危険があるので、船長が指定する落水の危険がない場所以外では必ず着用しなければなりません。

　ライフジャケットには固形式と膨張式がありますが、船舶の種類や航行区域によって使えるタイプが決まっています。

　いずれのタイプでも身体に合った大きさのものを選択し、バックルやひもを確実に締めることが大切です。子供には、体重別に体格に合ったものを着用させましょう。

（2）小型船舶用救命浮環（浮輪）

　救命浮環は、船から転落した人の方向に投げ、つかまらせて救助するための設備です。万一の場合に備え、航行中は船内に格納せず、すぐに使用できる位置に設置しておくようにします。

（3）小型船舶用信号紅炎

　救助を求めるときに使用する信号で、紅色の炎を連続して1分間以上発します。

　救助を必要とする場合、昼夜を問わず、光や煙で付近の船舶や航空機等に自船の位置を知らせることができます。

　手に持って使用しますが、遠方からも確認できるように、できるだけ高い位置で振りかざします。使用時には周囲に引火しやすいものがないことを確認します。

小型船舶操縦士
湖川小出力教本

令和 6 年 4 月 1 日　初版第 1 刷発行

編著者　　一般財団法人　日本船舶職員養成協会

発　行　　一般財団法人　日本船舶職員養成協会
　　　　　〒231-0811　神奈川県横浜市中区本牧ふ頭 3
　　　　　TEL. 045-628-1525　FAX. 045-625-1177

発　売　　株式会社 舵 社
　　　　　〒105-0013　東京都港区浜松町 1-2-17　ストークベル浜松町
　　　　　TEL. 03-3434-4531　FAX. 03-3434-5860